空间规划与开发法导论
——荷兰经验

［荷］弗雷德·霍马　彼得·扬　著

李林林　谷　玮　**等译**

庄少勤　吴次芳　**审校**

地质出版社

·北　京·

著作权合同登记号　图字：01-2018-0631 号

内 容 提 要

本书主要是就荷兰的空间规划与开发法律撰写的一本教科书。第 1 章至第 3 章主要是对荷兰空间规划与开发的基本理论和法律框架进行总结概括。第 4 章和第 5 章主要介绍的是荷兰有关空间规划的公法和私法上的法律手段。第 6 章和第 7 章针对的是荷兰空间规划的制定与实施可能会产生的影响方面，主要涉及对当地及周边地区现有空间利用和环境产生的影响。

本书可供涉及空间规划、土地利用、城市建设和环境管理等相关学科和专业的师生、研究人员和相关政府部门工作人员参阅。

图书在版编目（CIP）数据

空间规划与开发法导论：荷兰经验／（荷）弗雷德·霍马，（荷）彼得·扬著；李林林等译. — 北京：地质出版社，2018.1
　　ISBN 978-7-116-10813-4
　　Ⅰ.①空…　Ⅱ.①弗…　②彼…　③李…　Ⅲ.①空间规划-研究　Ⅳ.①TU984.11
　　中国版本图书馆 CIP 数据核字（2018）第 014344 号

责任编辑：柳　青
责任校对：王洪强
出版发行：地质出版社
社址邮编：北京海淀区学院路 31 号，100083
电　　话：（010）66554528（邮购部）；（010）66554632（编辑部）
网　　址：http：∥www. gph. com. cn
传　　真：（010）66554686
印　　刷：北京地大彩印有限公司
开　　本：787mm×960mm　1/16
印　　张：9.5
字　　数：180 千字
版　　次：2018 年 1 月北京第 1 版
印　　次：2018 年 1 月北京第 1 次印刷
定　　价：38.00 元
书　　号：ISBN 978-7-116-10813-4

（如对本书有建议或意见，敬请致电本社；如本书有印装问题，本社负责调换）

Planning and Development Law in the Netherlands

An Introduction

Dr. Fred Hobma & Dr. Pieter Jong

中译本序言

当前，中国的空间规划改革已进入实践关键阶段，借鉴国外先进经验十分必要。荷兰是最早开展空间规划的国家之一，被称为"规划出来的国家"。其空间规划理论、实践和法律体系等享有良好的国际声誉。本书是荷兰代尔夫特理工大学的弗雷德·霍马博士、彼得·扬博士就荷兰的空间规划与开发，特别是其法律方面撰写的一本英文教科书。本书虽然主要为教学所用，介绍的是与荷兰空间规划与开发法有关的基础知识，却并不仅仅限于对有关法律条款的罗列。诚如作者所言，除了对荷兰正式的空间规划系统，即有关的法律法规和政策规定进行描述以外，本书还探讨了实践中各类空间规划在具体实施方面的相关问题，这涉及空间的开发方面。

具体来说，前3章主要是对空间规划与开发的基本理论和法律框架进行总结概括，包括规划权的起源、类型和不同类别的权力分配（第1章），规划权主要作为政府的一种公法权力与私法上财产权的关系（第2章），以及作为政府回应型规划权典型代表的环境许可证的有关理论和实践知识（第3章）。第4章主要是对作为空间规划最重要手段的土地利用规划的法律地位、内容、制定与实施过程，以及其他几类空间规划手段（例如国家、省、市三级政府分别制定的建设愿景）做了介绍与说明。当然，这些都是各级政府用于规划的公法上的法律手段。在没有严格的公、私法领域划分的荷兰，政府还可以利用相关私法提供的法律手段，比如购买、出售、土地租赁、公私合作伙伴关系、土地利用规划协议，以及开发规划等来实现一定的规划目标。这是本书第5章的主体内容。最后2章内容主要针对的是空间规划的制定与实施可能会产生的影响方面。其中，第6章是对会产生重要的空间和环境影响的基础设施规划法律的内容，尤其是如何在不对当地及周边地区的现有空间利用和环境产生更大影响的基础上，解决基础设施规划决策进程缓慢这一历史遗留问题进行的研究。而第 7 章针对的是在相关主管机关制定和采用具体的空间规划之前（某些情况下，也包括之后），必须对具体的环境方面，如噪声、空气质量、土壤质量、水资源、动植物资源、自然保护等开展研究的义务。各种研究义务的规定是为了确保在空间规划与开发过程中更好地保护环境与公众利益。毫无疑问，对本书内容的研习不仅对于我国空间规划、土地利用、城市建设和环境管理等相关学科和专业的学生大有裨益，也有助于相关专业的研究人员、教学人员和相关政府部门工作人员更好地开展对比研究和教学，以及空间规划的实践工作。

本译著是对 2016 年在荷兰海牙由 Instituut voor Bouwrecht 出版社出版的《Planning and Development Law in the Netherlands An Introduction》一书的修订版本。本书的翻译工作是由浙江大学土地与国家发展研究院组织相关人员共同完成的。首先，感谢国土资源部规划司庄少勤司长的鼓励和支持。庄司长在 2017 年 6 月对荷兰的对外交流活动中发现该书并将其带回国内，使本书的翻译成为可能。其次，要感谢浙江大学土地管理系陈莎（第 3 章和第 6 章）、傅婷婷（第 1 章）、张晓滨（第 2 章）、鲍星羽（第 4 章）、姜乙（第 5 章）和苏浩（第 7 章）6 位研究生对本书初步翻译工作付出的劳动，以及李冠博士生对组织初步翻译工作所付出的努力。最后，还要感谢国土资源部规划司庄少勤司长和浙江大学土地与国家发展研究院院长吴次芳教授对本书翻译稿的校正工作，国土资源部规划司规划处谢海霞处长为出版翻译所付出的辛勤工作。正是有了上述各位的支持与鼓励，才使本译著的出版成为可能。

李林林

2017 年 8 月于浙江大学紫金港校区

前　　言

本书讨论了荷兰的空间规划与开发法的基础知识。本教材的重点是城市尺度（urban scale）内的规划与开发。从成文法规定（以及实践）的角度看，城市项目对荷兰的规划与开发具有重大意义。此外，与市政府相比，国家和省级政府拥有较少的（规划）权力。因此，本书较少关注区域和国家层面的规划与开发。

正如标题中"规划与开发"所表明的，这本书并不局限于对荷兰正式的规划系统的描述，它还考察了规划的执行情况。这涉及"开发方面"，而且其中包括了地方政府和房地产开发商之间的相互关系。在政府没有资源单方面直接进行空间开发的时代，重视规划与开发是合适的。

本书主要适用于荷兰的建筑环境学科的学生。更具体地讲，它是针对环境管理、区域和城市设计、不动产、规划、建设管理、规划法、城市发展、房地产开发或政策科学等专业的学生而写的。由于荷兰教育的国际化，这些课程中很多时下都是英语教学。然而，直至现在，以英文表达的一些法律概述仍然缺失。本书旨在填补这一空白，并为学生提供基本的知识和了解。

除了专业学生外，其他群体或许也会对本书产生兴趣。在国际会议上，荷兰经常被许多国际参会者视为空间规划领域的典范。荷兰在空间规划方面拥有良好的国际声誉，其成熟的土地利用规划体系吸引了大量的国际关注，这种兴趣也延伸到荷兰的规划与开发法律方面。当然，对于那些感兴趣的人而言，荷兰语描述的信息只有有限的意义，这本英文教科书有助于国际研究人员或从业人员了解有关荷兰规划与开发法的信息。

本书旨在描述有关荷兰规划与开发的规制框架。它没有打算对荷兰的立法框架与其他国家的法律框架进行系统比较。然而，有些读者可能对此比较感兴趣。因此，我们会在整个文本中进行国际比较的评述。

正如本书的标题所示，这是一个导论性的文本。它着重于基本原则的介绍而非细节的描述。它没有对规划与开发法进行全面充分的讨论，但力求用易懂的方式介绍这一宽泛领域。对本书包含的任何主题，都还有更多的内容可以拓展。读者可以通过脚注获得更多的信息。然而，为了清晰起见，我们避免大量使用脚注。我们也意识到，脚注中所引的绝大多数文献都是用荷兰语写的。这是因为关于荷兰规划与开发法的英文文献非常有限。当然，本书引用的荷兰语文献对荷兰读者而言将不成问题。

本书第 1 至第 6 章的作者是弗雷德·霍马（Fred Hobma），第 7 章的作者是彼得·扬（Pieter Jong）。

法学硕士、博士　弗雷德·霍马

法学硕士，理学硕士、博士　彼得·扬

2016 年 6 月于代尔夫特

目　　录

第 **1** 章　规划权

1.1　规划权的历史发展

一直以来，荷兰政府就认为有必要对土地利用进行规制。政府希望确定某块特定土地的使用目的，例如农业、住房、街道、公共绿地、工业或防洪等用途。同样，政府也希望对私主体的建设规划（building plans）施加影响，例如允许的建筑物高度、建筑物结构安全和防火安全、美学外观和建筑物理特征（采光、通风、供暖调节、湿度和降噪）等方面。有关土地利用和建设规划方面法律规定的动机自始至终都是公共利益。

从历史上看，具有法律指导意义的建筑法规在荷兰长期存在。事实上，自从约 1200 年第一批城市在低地国家（Low Countries）建立以来，它们就一直存在着。科肯（Kocken）最近写了一本关于城镇规划法（Town Planning Law）初始阶段的专著。❶ 他发现，即使在中世纪，对城市进行规制的动机也是惊人的广泛。科克列出了此类动机：❷

——维护当地社区。

——建筑物的消防安全。

——建筑物的结构可靠性。

——城市和土地外观的考虑（建筑美学）。

——提供必要的生活空间（确保建筑用地）。

——住宅保护（例如保护免受邻居的建筑活动带来的困扰）。

——交通安全的考虑。

这其中的很多规定是非常符合当时社会实际的；即使在今天这些规定也一样重要。举一个有关公共街道的具体例子：1413 年，阿姆斯特丹的遮阳篷不可以超过 7/4 厄尔（ell，约等于 1.5 米）宽，而且必须至少比地面高 8 英尺。❸

---

❶　E. H. A. Kocken. *Van bouwen，breken en branden in de lage landen. Oorsprong en ontwikkeling van het middeleeuws stedelijk bouwrecht tussen ± 1200 en ± 1550. Een terreinverkennend onderzoek.* Deventer（Kluwer），2004.

❷　Kocken（2004）. p. 69 et seq（第 69 页及以下）。

❸　Kocken（2004）. p. 172；1 英尺 = 0. 3048 米。

在现代,《住宅法(荷兰语:Woningwet)(1901 年)》为制定具有法律意义的城市开发规划提供了动力。该法包含了有关"建成区扩张"(expansion of built-up areas)的规定。市议会(the Municipal Council)有权禁止私人在规划为街道、运河或广场的土地上兴建建筑物。预留公共空间的规划旨在防止破坏生活条件的现象出现。对辖区拥有超过 1 万名居民或者人口增长强劲的市议会来说,制定一个扩建规划是十分有必要的。该规划会指定近期内将被用于建设街道、运河和广场的土地,扩建规划也可以与建设禁令相结合。布雷格曼(Bregman)将此视为对特定类型的(基础设施)工程进行具有法律约束力的规制的一种情况。❶

1921 年对《住宅法》进行的修正案称,扩建规划的适用范围不再局限于街道、运河和广场。规划涉及的范围扩展为对"该规划涵盖土地的近期利用进行分配"。从那时起,扩建规划就可以对允许建造物的性质和位置进行规制。❷ 实际上,这个扩建规划就是当前土地利用规划的前身。

1921 年修正案所涉及的另一个重要方面是建筑许可证。与扩建规划的冲突已经成为拒绝建筑许可证申请的强制性理由。❸ 建筑许可证与当时制定的法定城市开发规划之间的联系至今仍存在。❹❺

自《住宅法(1901 年)》生效以来,只是在有关城市规划的一段中对扩建规划进行了规定。1962 年,荷兰专门为法定的开发规划制定了一项法案:《空间规划法(The Spatial Planning Act,荷兰语:Wet op de Ruimtelijke Ordening)》。该法引入了地方"土地利用规划"(land-use plan,荷兰语:bestemmingsplan)》,代替了"扩建规划"。此后,虽然《空间规划法》进行了多次修正,但核心一直是市议会享有的制定土地利用规划的权力。

现在,《宪法》对政府的规划职能是这样规定的:

> 保持国家的宜居性,同时保护和改善环境是政府当局的责任。❻

通过上述对荷兰规划权发展历史的简短介绍可以发现,(空间)规划总是与

---

❶ A. G. Bregman. De Woningwet en ruimtelijke sturing. In:A. G. Bregman, D. A. Lubach red. *Van Wonen naar Bouwen. 100 jaar Woningwet.* Deventer (Kluwer), 2001. p. 34.

❷ P. J. J. van Buuren, Ch. W. Backes, A. A. J. de Gier, A. G. A. Nijmeijer. *Hoofdlijnen ruimtelijk bestuursrecht.* Deventer (Kluwer), 2006. p. 14.

❸ Bregman (2001). p. 35.

❹ "法定(Statutory)"是指立法机关制定的成文法。成文法与口头法或习惯法相对。

❺ "法定城市开发规划"是指城市设计的法定形式。根据《住宅法(1901 年)》,这是一项扩建规划;基于现行的《空间规划法》,它包括了土地利用规划。

❻ 荷兰王国《宪法(2002 年)》第 21 条(Article 21 of the Constitution of the Kingdom of the Netherlands 2002)。

法律和法规紧密相关。规划与法律是不可分割的两种现象。本章的下一节将进一步探讨它们之间的关系。

1.2　规划权的起源：合法性原则

一般而言，按照政府（规划）的规定，土地所有者现行的土地利用应当已经符合公共利益。如果现行的土地利用不符合政府规划，不管有没有政府的财政资助，许多土地所有者也会做好自愿适应政府规划的准备。这同样适用于建设规划。规划发起者通常愿意自行遵守政府制定的建筑规定。

但是，当前的土地利用也可能与政府认为的公共利益不一致，而土地所有者可能无意改变他们的土地利用规划。此外，建设规划的发起者也有可能不愿意自行遵守政府有关的建筑规定，例如对建筑物美学外观的规定。

如果完全依赖公民和公司的自愿遵守，那么政府将很难实施其规划和法律规定，所制定的规划想要达到的公共利益目标也将难以实现。土地所有者和规划发起者的私人利益也就会阻碍公共利益的实现。为了防止这种情况，政府必须有能力要求公民和公司遵守政府的规划和法律的规定，而这也必须在有正当理由的情况下进行。土地所有者和规划发起者不能被强迫遵守政府的规划和建筑的规定。

这关系到一个宪政国家的关键基石，即合法性原则（the principle of legality，荷兰语：legaliteitsbeginsel）的运作。❶❷ 这一原则认为，政府只有在法定权力的基础上才有权对公民的自由和财产进行干预和限制。❸ 没有这样的法律依据，政府就无权限制公民的自由和财产。当这一原则应用到土地利用和建设规划中时，其意味着：除非存在通过民主程序批准的法令对此做了规定，否则我们不能禁止个人或组织在他们认为合适的情况下建造或使用其土地。因此，合法性原则与公共机构的权力有关。❹

合法性原则表达了两个核心价值：①法律面前人人平等。这意味着法律平等地适用于每个人。②法律的确定性。这意味着公共机构的权力是由法律明确授予的。❺

目前来看，合法性原则在荷兰得到了充分的体现。人们普遍认为，（一般）

---

❶　合法性原则也被称为"法治原则（the rule of law）"。

❷　如上所述，合法性原则是宪政国家的基石之一。其他包括：民主（democracy）、权力分立（separation of powers）、司法审查（judicial review）和民权保障（civil rights protection）。

❸　P. de Haan, Th. G. Drupsteen, R. Fernhout. *Bestuursrecht in de sociale rechtsstaat. Deel 1 Ontwikkeling, Organisatie, Instrumentarium.* Deventer（Kluwer），2001. p. 21.

❹　F. C. M. A. Michiels. *Hoofdzaken van het bestuursrecht.* Deventer（Kluwer），2006. p. 10.

❺　P. J. Boon, J. G. Brouwer, A. E. Schilder. *Regelgeving in Nederland.* Deventer（Kluwer），2005. p. 4.

政府的行动必须建立在法定权力之上——政府不仅具有限制性质、权威性质或禁止性质的行为，也包括具有有利性质的行为，例如津贴或补贴的发放。因此，有关的法律法规数量越来越多。❶ 空间规划领域的情况也是如此。

基于合法性原则，宪政国家也有对"土地利用（land‑use）"和"建筑规定（building regulations）"进行规制的法律规范。法律授权政府可以终止与其规划相冲突的土地利用行为。同样，法律授权政府要求规划发起者在开始建设前必须先取得建筑许可证。如果建设规划不符合建筑规定的要求，政府有权拒绝发放建筑许可证。事实上，许多关于规划和建设的法律背后的基本原理是合法性原则。没有法定基础，政府无权要求公民、组织和公司遵守规定。

1.3 规划权的类型：回应型和主动型

按照法律规定，在空间规划领域，属于政府的权力可分为两类：回应型权力和主动型权力。❷

1.3.1 回应型权力

回应型权力（reactive powers）是政府对私营部门的开发活动（一般指的是建筑活动）做出反应的权力。政府会对单个公民、公司或组织的开发活动做出反应。该权力主要基于《环境许可（一般规定）法（The Environmental Licensing (General Provisions) Act，荷兰语：Wet algemene bepalingen omgevingsrecht)》的规定，要求规划发起者必须拥有环境许可证。政府会对私营部门的开发活动进行预防性评估。私主体需要政府许可（permission）才能实施开发活动。只有在满足某些预定标准后，政府才会发放许可证。这些标准构成了评估框架。有关环境许可证的更多内容将在第 3 章讨论。

1.3.2 主动型权力

主动型权力（proactive powers）是使政府能够主动进行开发活动的权力，这些活动不但可能涉及城市扩张、基础设施建设、水利工程建设等方面，还包括缓

❶ M. Herweijer, P. O. de Jong, J. de Ridder. *Oordelen over effecten van bestuursrecht. Een verkenning van het debat en de bevindingen van sociaal‑wetenschappelijk onderzoek.* Groningen (Vakgroep Bestuursrecht en Bestuurskunde), 2005. p. 12.

❷ 回应型权力和主动型权力之间的区分受到布艾斯（Buijs）区别空间规划的两个基本功能的启发，即规划的规制功能（the regulatory function of planning）（回应型）和规划的开发功能（the development function of planning）（主动型）。参见：S. C. Buijs. *Spatial Planning at the National Level in the Netherlands. A general introduction.* The Hague (Ministry of Housing, Spatial Planning and the Environment) September 2000.

冲区（buffer zone）的开发。这种类型的开发总是要求对土地的使用采取某种形式的控制。当政府已经拥有土地时，也就不再需要做各种控制性安排。

然而，土地通常由政府以外的主体所有，因此，政府需要获得某种形式的控制权。有时为了完成预期的开发，比如新道路的建设，政府需要"绝对地"控制土地。"绝对地控制"意味着取得土地的所有权。必要时，政府可以根据私法购买（purchase）需要的土地。政府也可以通过行使所谓的优先购买权（pre–emption rights，荷兰语：voorkeursrecht）获得土地，优先购买权的法律依据为《市政府优先购买权法（The Municipal Pre–Emption Rights Act，荷兰语：Wet voorkeursrecht gemeenten）》。这赋予市政府有权第一个与打算出售土地和建筑物的卖方进行谈判。第三种选择是通过强制的方式获取土地，即根据《征收法（The Expropriation Act，荷兰语：Onteigeningswet）》的规定征收土地。

在大多数情况下，政府并不需要绝对控制土地（所有权）来实现规划的目的。政府可以仅对土地所有者所拥有土地的用途做出规定，同时颁布适用于该土地的建筑法规（如对建筑物最高高度的规定）。"土地利用规划"就可以完成上述目标。《空间规划法（2006 年）》第 3.1 条规定了市政府决定其辖区内土地利用规划的权力。更准确地说，市政府不仅有权力，而且更有义务这样做。显而易见，通过对开发可能性的把控，土地利用规划可以显著地影响财产的金融和经济价值。因此，市政府拥有通过土地利用规划决定土地用途的权力，也意味着市行政委员会（the Municipal Executive）有义务向在个案中遭受财产损失的当事人赔偿损失（基于当事人请求）。这属于获得赔偿权（the right to compensation，荷兰语：tegemoetkoming in schade）的内容。

1.4　规划权的分配

1.4.1　分配类型

与规划和建筑法规有关的法定权力不会集中于单一的政府机构。法律规定了不同行政级别的几个机构之间如何进行权力的分配。这种分配基于实际情况：让一个办公室对全国范围内的土地利用规划进行规制或发放所有环境许可证是不可行的，这也是进行权力分配的事实基础。除此之外，还有一个规范性论证：权力应该在不同的政府机构之间进行分配，单一机构拥有太多权力会对平民自由构成非常大的威胁。

本节详细介绍了两种权力分配的类型：权力的地域分配（territorial distribution of powers）和权力的职能分配（functional distribution of powers）。我们还将研究地域分配和职能分配的结合形式：职能性分权（functional decentralization）。不

同形式的权力分配将通过若干有关规划权力的实例进行说明。●

1.4.2　地域分配：省、市

地域分配的含义为将权力分散于该区域内的不同部门，也被称为"分权"。这些权力被分配给区域内不同级别的政府机构，从而减轻了中央政府的负担。此外，这为分权（decentralized）机构在行使权力时考虑当地具体情况和实际需求提供了可能性。规划权力被下放给了省、市和水务机关三级政府（机关）。

荷兰共有 12 个省，也就相应存在 12 个省级政府。《省法（The Provinces Act，荷兰语：Provinciewet）》对各省的行政管理做了规定，其中包括以下部分：

——省议会（Provincial Council，荷兰语：Provinciale Staten）（直接选举出来的省级人民代表）。

——省行政委员会（Provincial Executive，荷兰语：het college van Gedeputeerde Staten）。

——女王专员（Queens' Commissioner，荷兰语：de Commissaris der Koningin）（兼任省议会和省行政委员会的主席）。

各省在荷兰空间规划方面一直具有规划职能，在目前的《空间规划法（2006年）》中也是如此。其中的一项权力（义务）是编制"建设愿景"（structure visions，荷兰语：structuurvisies）。建设愿景对本省拟议的开发情况进行了概述，其包含了该省所追求的空间政策的主要内容。建设愿景还描述了省议会将如何实施拟议的各项开发（《空间规划法》第 2.2 条）。

截至 2016 年，荷兰大约有 390 个城市，各地市政府构成了荷兰的地方政府。《市政法（The Municipalities Act，荷兰语：Gemeentewet）》对市政管理进行了规定，包括以下部分：

——市议会（Municipal Council，荷兰语：de gemeenteraad）（直接由地方一级选出的人民代表）。●

——市行政委员会（Municipal Executive）：市长和市府参事（Mayor and Aldermen，荷兰语：het college van Burgemeester en Wethouders）。

——市长（兼任市议会和市行政委员会的主席）。

实际上，市政府在荷兰空间规划中拥有最重要的权力。因此，毫不奇怪，荷

● 这些例子并不能成为对国家、区域或地方规划权力的（详尽的）概述。

● 在荷兰，市议员（municipal councillors）是指：选定的行使市一级立法权的代表。议员不履行行政职能。执行职能由市府参事（alderman，荷兰语：wethounders）执行。市府参事不通过选举产生，而是直接任命的。与荷兰相反，在一些国家，"议员"一词是指行政职位（例如，加拿大的艾伯塔省（Alberta），但必须注意的是，艾伯塔省的议员是选举产生的）。

兰空间规划法的特点是很大程度的分权,这在(建筑)环境许可证和土地利用规划之间的联系中尤其明显。市行政委员会决定环境许可证的申请(《环境许可(一般规定)法》第 2.4 条第 1 款)。如果建设规划与市议会通过的土地利用规划相抵触(《空间规划法》第 3.1 条),那么申请人将无法获得环境许可证(《环境许可(一般规定)法》第 2.10 条第 1 款)。土地利用规划指明了土地的用途,也包含了对土地及其上建筑物利用的法律规定(《空间规划法》第 3.1 条)。

有关水务机关的讨论将在下文职能性分权部分进行单独介绍。

1.4.3 职能分配

权力的职能分配意味着政府权力的行使不限于一个机构,而是在若干个不同机构间进行分配,尤其指的是立法、行政和司法权之间的分立。该论点在本质上是规范性(normative)的:如果所有权力都集中在一个屋檐下,权力就很容易被滥用。

立法权、行政权和司法权必须分散在不同机构的原则,被称为"三权分立"(trias politica),或是权力分立——这是由法国著名法学家孟德斯鸠(1689~1755)所创造的一个术语。孟德斯鸠的三权分立是法治的基本原则之一,荷兰宪法也昭示了三权分立的理念。

作为一种逻辑递进,权力的职能分配也适用于规划。在荷兰,所有法律,包括有关规划的法律,都是由政府(包括负责建筑和自然环境的部长)和议会(States General,又称国会)(民众代表)根据《宪法》第 81 条的规定共同制定的。法律的实施则依靠政府,另设有一个独立的司法机构。因此,我们认为在许多规划法的案例中,"行政法官(administrative judge)"有权对法律问题做出判决。

1.4.4 职能性分权:水务机关

职能性分权是通过结合地域分配和职能分配的方式来分配权力。在某个特定地区的实体拥有一个或有限数量的权力。在规划领域,水务机关(water authorities)是职能性分权最明显的例子。

荷兰有 23 个水务机关,都是专门执行水务管理任务的区域性机构。从历史角度看,荷兰的地理和水利特点决定了水务机关存在的合理性。荷兰是由莱茵河、默兹河和斯海尔德河等河流形成的三角洲。这个国家的大部分国土是通过填海造地形成的。大约有三分之一面积的国土处于海平面以下,约一半的国土需要防止来自海洋或河流的洪水。

《水务机关法(The Water Authorities Act,荷兰语:Waterschapswet)》规定了

水务机关的行政管理，包括以下部分：

——理事会（Governing Board，荷兰语：het algemeen bestuur）（部分代表直接选举，部分代表任命）。

——行政委员会（Executive Committee，荷兰语：het dagelijks bestuur，也叫作：het college van dijkgraaf en heemraden）。

——水务机关主席（理事会和行政委员会任命的主席）。

水务机关的主要任务是维护防洪设施，保持水质、水量和关注地下水。由于水务管理与土地利用的目标相关，所以水务管理和空间规划之间存在着密切联系。农业、自然环境、住宅区和工业区的发展需要足够质量和数量的水。水务机关有权制定一般性法令（general ordinances，荷兰语：keuren），并在法令的基础上对有关水域或防洪的活动进行规范。

从法律角度看，水务管理与空间规划之间的关系在《空间规划法令（The Spatial Planning Decree）》规定的"水测试"（water test，荷兰语：watertoets）中有很明确的表述。首先，法令第3.1.1条的规定，在编制土地利用规划时，市政府必须咨询水务机关的意见。其次，根据第3.1.6条第1款b项的规定，土地利用规划的注释（explanatory notes）必须说明该规划如何考虑对水务管理体制带来的后果。这些规定的目的在于确保编制土地利用规划时考虑到与水相关的利益。

1.5　欧盟的规划权

欧盟条约没有将具体的规划权分配给欧盟的决策机构。❶ 因此，欧洲层面没有直接涉及空间规划的立法。这使得空间规划成为欧盟成员国国家的内部事务。欧盟委员会宣称欧盟在有关规划和财产权事项方面没有管辖权：

> "……（欧盟）委员会意识到，它（指自己，译者注）没有能力对成员国政府有关土地的法律分类、已经开发土地的利用和新的城市发展项目的决定，以及这些决定可能对现有的土地所有者产生的影响进行管理。根据《欧共体条约（The EC treaty）》第295条，这些事项不属于欧盟法律的范围，应由成员国相关财产权法律做专属规定。"❷

虽然如此，但欧盟法律对成员国的空间规划与开发的间接影响还是很大，特

---

❶ 欧盟的决策机构包括：欧洲议会、欧盟理事会和欧盟委员会。

❷ 2006年5月4日欧盟专员McCreevy针对内部市场的声明。引自W. K. Korthals Altes题为《Public Procurement Provisions：A Procrustean Bed for Planning？（公共采购条款：规划的普罗克汝斯忒斯忒之床?）》国际会议论文，发表于2011年5月25日~28日在加拿大埃德蒙顿举行的第五届国际规划、法律和财产权学术协会国际会议上。

别是与环境有关的欧盟指令对成员国国内的空间规划与开发有重大影响。例如欧盟有关自然保护的指令。根据野生鸟类和栖息地法规的规定，欧洲在重要自然区和自然带建立了"欧洲生物保护网络"（European Ecological Network）。这些指令为成员国提供了一个严格的决策框架，而这些框架也延伸到了规划决策中。

欧盟法律对空间规划与开发产生重大间接影响的另一个例子是环境评价的指令。战略环境评价（Strategic Environmental Assessment，荷兰语：Strategische Milieu beoordeling）和环境影响评价（Environmental Impact Assessment，荷兰语：Milieueffectrapportage）极大地影响了空间开发规划和项目。成员国相关机构在决定规划及项目之前，需要考虑欧盟的相关法规。

1.6　公法和私法规划手段

与规划和开发相关的法律大致可分为公法和私法两部分。公法和私法在规制的主题、执行的方式以及所服务和保护的利益等方面各不相同。

公法和私法的概念

公法（public law）是规范国家结构以及国家与个人（公民、公司）之间关系的法律制度，包括宪法和行政法。在城市规划与开发领域属于公法的法律有：《空间规划法》、《环境许可（一般规定）法》和《征收法》等。许多公法法律涉及政府对公民的权力。

私法（private law）是涉及个人之间关系，而不直接涉及国家的法律制度，包括合同法、财产法和家庭法。在规划和发展领域的私法有：《民法典（The Civil Code，荷兰语：Burgerlijk Wetboek)》和公私合作协议等。

公法与私法之间的差异可以被简化如下：公法侧重于国家本身以及影响公众的问题。私法侧重于影响私人和公司，而不直接涉及国家的问题。

与此相关的是，在公法中，公民面对的是代表公共利益的政府；而在私法中，当事人代表的是个人的利益。因此，在公法中没有平等的当事人，而私法上的当事人在原则上是平等的。

政府机构，例如市政府，可以利用私法办事。例如：市政府委托承包商来建造一座新的市政厅。在这个例子中，市政府签订了一项合同。在这种情况下，市政府的行为与私人相同：与承包商签订合同。因此，市政府和承包商之间的合同属于私法的范围。

公法和私法的描述显示出它们所规制主题的差异，以及所服务和保护的利益之间的差异。此外，两者在执法方式上也不相同。在私法中，法律的执行由有利害关系的当事人自己进行。如果需要执行法律，或法律有规定，就可能或者必须需要某些机构，如法官的帮助。例如，如果一个合同没有得到妥善执行，受害一方可以要求法官强制执行合同。

然而，在公法中，政府制定了一套（一般或具体性的）标准。政府是唯一有权改变标准的一方。而且如果有主体没有遵守标准，政府也有权力执行这些标准。政府之所以能够制定和执行标准，是基于其必须考虑公共利益的基础之上的。比如，假设市行政委员会向一家公司颁发了许可证，用于建设一个新办公室。如果公司没有遵守许可证规定的条件，只有市行政委员会有权撤销许可证。

公法规划手段

正如前文所说的那样，荷兰市政府在荷兰的空间规划中拥有最重要的权力。从法定法角度（以及实践中）看，国家和省政府的（规划）权力比市政府弱。市政府拥有许多在空间规划和开发方面的公法手段，第 2、第 3 和第 4 章会详细说明这些公法规划手段。这些权力同时与开发项目、空间规划有关。必须指出的是，这些法律规定了新项目的开发不得与周边地区隔离开来，应当与现存的环境或空间规划中所设想的周边环境的发展相联系。单个项目也因此可以完好地嵌入更大区域的空间规划中。外国游客在荷兰可能会注意到防止城市项目分散开发政策的效果。

私法规划手段

除了公法手段外，政府（特别是市政府）也可以使用私法规划手段。例如，市政府有权购买土地，用于"私人目标"的规划，如居住区或办公区。市政府也可以购买未开发的土地，整理好土地用于建设，然后出售给开发商。❶ 开发商随后可以开发土地，并建成房屋和办公室。通过这种方式，市政府可以赚取可观的利润。此外，荷兰市政府还可以参与公私合营，市场风险由政府承担。在荷兰，（金融）风险由公、私双方分担，以一种法律实体形式存在的公私伙伴关系在法律上是允许的，而且是被普遍使用的。这表明，与盎格鲁－撒克逊国家不同，在荷兰并不遵循公共领域和私人领域之间严格划分的原则。这意味着在荷兰，地方政府原则上可以作为一个市场主体进行活动。市政府可以（像之前一样）在公共领域之外以及私人领域内行事。第 5 章详细阐述了私法上的规划手段。

---

❶ 本教科书使用"整理土地用于建设（prepare for construction）"这个术语，也称为"在土地上进行公共基础设施建设（servicing the land）"。

1.7　财政权

比起国家政府，市政府拥有更重要的规划权，但其只有有限的财政权力。国家政府拥有更大的财政权力，市政府十分依赖国家资金的流动。尽管如此，与其他发达国家的市政府相比，荷兰国家政府向市政府的资金流动，使市政府可以拥有相对宽裕的财政预算。

市政府有限的财政权力在市政税的征收上就可以得到明显的体现。荷兰市政府只有权力征收《市政法》及另一部法律中明确列明的税种。以国际标准衡量，荷兰的市政府只有非常有限的征税权。在荷兰所有税种中，只有 3.4% 由市政府征收；1.6% 由省政府和水务机关征收；而剩下的绝大部分，即 95% 的税收由国家政府征收。荷兰市政府没有权力征收地方销售税（对终端买家征收的零售销售税）。这与美国不同，美国市政府通常会在州销售税中附加征收市政销售税。此外，与美国的实际情况不同，荷兰新的城市开发项目几乎从来没有从当地（未来的）房产税（property tax）收入中获得财政支持。❶ 荷兰新的城市投资也并未通过减免地方税的方式来吸引开发商和投资者。❷ 从这方面看，税收在荷兰不是用于促进城市投资的工具。

在荷兰，最重要的地方税是市政房产税（municipal property tax，荷兰语：onroerende zaakbelasting）。该税由房屋和商业地产的所有人以及商业地产的使用人缴纳。市政房产税每年大约占市政府全部收入的 8%。房产税收入可以由市政府自行支配。市政府的另一个收入来源包括由环境许可证的申请人支付的行政费用（administrative charges，荷兰语：leges）。但是，在成本方面，市政府也不得不为许可证申请的处理支付人事费用。

---

❶　美国地方政府经常使用"税收增额融资（Tax Increment Financing）"制度。这是一种利用未来税收收益，来资助当前（再）开发的工具。税收增额融资是利用新的房地产开发而增加的房产税来资助开发的成本。它用于支持本来可能不会发生的开发或再开发项目。它还用于资助公共基础设施的建设，如街道和下水道的建设。在荷兰，这种方式很少被使用。

❷　值得注意的是，减少地方房产税是有法律依据的。（大）城市有权指定"机会区（opportunity zones，荷兰语：kansenzones）"。这些差不多与英国的企业区（Enterprise Zones）相当（关于企业区，参见 A. Tallon 的《Urban Regeneration in the UK（英国的城市更新）》（Abingdon（Routledge）2010 年出版）第 49 页）。在机会区，政府可以采取各种措施，措施之一就是减少房产税。这在《都市问题特别措施法（荷兰语：Wet bijzondere maatregelen grootstedelijke problematiek）》第 4 条中有规定。自 1996 年以来，政府已经指定了一定数量的机会区，但是没有一个市政府利用机会区来减少房产税。

第 2 章　规划与财产权

2.1　作为人权的财产权

从上一章可以看出，政府拥有相当大的规划权力。它可以用规划权来对（私主体的）土地利用进行规制，并影响（私主体的）建筑计划。荷兰如此，其他许多国家亦如此。土地所有者在使用自己的财产时似乎受到相当多的限制。实际上，规划也的确可以被视作是对财产权的干预措施。那么，这些限制是否与保护作为基本人权的财产权的原则相一致呢？

在《世界人权宣言（The Universal Declaration of Human Rights）（1948 年）》中，联合国清楚地表明了其保护财产的立场。其中第 17 条规定：

1. 人人都有权单独拥有财产以及与他人共有财产。
2. 任何人的财产都不得被任意剥夺。

对财产权的保护也被写入了《欧洲人权公约第一议定书（The First Protocol to the Convention for the Protection of Human Rights and Fundamental Freedoms）》中。❶ 这一公约对于欧洲缔约国而言尤其重要。该公约于 1950 年由欧洲委员会（Council of Europe）通过，该组织（现今）包含 47 个欧洲国家，并推动了欧洲统一、人权保护、代议制民主和法治原则的发展。欧洲委员会实际上并不是欧盟的一部分。为确保对公约中所确立权利的保护，一个特别法院，即欧洲人权法院（European Court of Human Rights，简称 ECHR）得以成立。该法院位于法国的斯特拉斯堡（Strasbourg）市。

公约第一议定书的第 1 条规定：

每一自然人或法人都有权和平地享有其财产，除非出于公共利益的考量并满足法律以及国际法的一般原则所规定的条件，任何人的财产都不能被剥夺。

然而，该条款继续声明：

但上述规定无论如何不得损害国家行使为了保障公共利益而控制财

---

❶ 议定书（protocols）实际上是在后期对最初版本的公约中增加的部分。

12

产之使用或为了确保税款或其他特别税或罚款之支付而必须施行之法律
的权利。

因此，公约中所确立的财产权，既保护了财产私有权与使用权，同时也承认
这一权利可以因公众利益而受限。但是，什么是"公众（或公共）利益"？波勒
格尔（Ploeger）、格鲁特莱尔（Groetelaers）和范德文（van der Veen）认为，
"在这一问题上，欧洲人权法院为各个国家机关预留了广泛的"国家裁量权"
（margin of appreciation），以方便其社会和经济政策的实施。因此，除非明显缺乏
合理的依据，否则欧洲人权法院会尊重成员国国家立法机关对于公众利益的判
定"。❶

然而，法院判例要求对财产的限制必须满足比例原则。这意味着限制措施作
为一种实现公众利益的手段，必须是合理适当（符合比例）的。如果给予被限
制权利人一定的补偿，那么这种限制也可以成为一种合理的手段。如波勒格尔、
格鲁特莱尔和范德文所言，"对财产的剥夺是最为严重的限制措施，而如果剥夺
权利人的财产时不根据其财产价值给予合理的补偿，那么这一限制措施一般而言
就构成不合理的限制。但是，欧洲人权法院并没有确保权利人在所有情况下都能
得到全额补偿的权利。对'公共利益'（例如经济改革）的合法追求可能需要使
某些人不能得到按其财产市场价值的全额补偿"。❷

需要注意的是，财产权不仅会受到与所有权人财产直接相关的国家措施的限
制，例如对某人地产上建筑的可能性设限。财产权同时也会受到与财产间接相关
的措施的限制，例如，由（房屋）所有人的邻居建造风力涡轮机而给房屋所有
人造成的妨害。在 Fägerskiöld 诉瑞典政府（*Fägerskiöld vs. Sweden*）一案中，土
地所有者声称，风力机带来的噪声污染使其财产价值遭到极大的贬损，指的正是
这种情况。❸

2.2　荷兰法律中的财产权与开发权

2.2.1　《荷兰民法典》中的财产权

与上述讨论的《欧洲人权公约第一议定书》类似，荷兰法律中同时将财产
权的两个方面涵盖在内，包括对私人所有权的保护以及对国家财产权利进行限制

---

❶　❷　H. D. Ploeger, D. A. Groetelaers, M. van der Veen. Planning and the Fundamental Right to Property.
In: A. Voight, A. Kanonier Eds. *AESOP Conference* 2005: *The dream of a greater Europe* (pp. 1 – 8). Vienna (AE-
SOP), 2005.

❸　European Court of Human Rights, Decision 26. 2. 2008, No. 37664/04.

的权力。

《荷兰民法典》第 5 卷第 1 条第 1 款规定：

> 所有权是权利人对物享有的最为全面的支配权。

但是，该条第 2 款又规定：

> 权利人可以排除他人妨害，自由使用其财产，但财产的使用不得损
> 害他人的权利，且不得违背成文法以及不成文法中的限制性规定。

根据该条第 2 款的规定，荷兰法中存在很多对土地和建筑物所有者财产权的限制。这其中最为重要的一条限制是，土地必须根据土地利用规划才能进行开发。具体来说，对土地的使用以及建设规划必须与市政府土地利用规划中规定的规划政策相一致。因此，财产所有者的开发权（right to develop）仅存在于公法限制范围内，而土地利用规划在其中发挥了最重要的作用❶❷。

在判例法中，（荷兰）国务委员会行政司法部也确立了这类限制的合法性。决定中写道：

> 委员会先前已经明确，新的土地利用规划法规并没有剥夺上诉人的财产；在规划框架之内，上诉人仍然有权享有财产。
>
> 土地利用规划中对财产的使用所设定的限制，可以解释为是对任意享有财产权利的一种限制，但《欧洲人权公约第一议定书》的第 1 条确保了为维护公共利益而对私人财产使用进行规制的法律适用的完整性。正如行政司法部于 2003 年 11 月 12 日在 200301877/1 号案件中所做的判决那样，在地方适用的土地利用规划正是这样的一种规制。❸

我们必须明确区分土地利用和土地征收这两个概念。土地利用规划既没有剥夺土地所有者的财产，也没有侵犯所有者对其财产排他性的使用权。在此种情形下，政府将其自身对给定规划区域内的财产使用进行规制的权力限制在符合公众

---

❶ J. de Jong. Eigendom, bouwrecht en concurrentiebevordering op ontwikkelingslocaties. *Bouwrecht*, 2005. p. 499.

❷ 在英国，为了取得在土地开发前必须获得许可证要求一样的效果，政府采用了与荷兰不太相同的做法。英国 1947 年的《城乡规划法》将土地开发权利进行了国有化。J Cameron Blackhall 描述道："在这一立法通过之前，英国的土地所有者享有土地开发的权利，而且如果政府拒绝其土地开发申请，那么其有权受到补偿，但是 1947 年的法律剥夺了土地所有者的这一权利。任何土地所有者在未经政府批准之前都不能保留开发土地的权利。也因此，鉴于个人的土地开发权利已不复存在，当土地所有者的规划申请被拒绝后也不会获得任何补偿。"参见：J. Cameron Blackhall. *Planning Law and Practice*. Abingdon（Cavendish Publishing），2005. third edition. p. 7.

❸ Afdeling bestuursrechtspraak Raad van State（Department of Administrative Justice of the Council of State），28 September 2005，200409555/1，ECLI：NL：RVS：2005：AU3404.

利益要求的土地利用规划的范围之内。规定规划赔偿权（planning compensation rights，荷兰语：planschadevergoeding）的法律最终决定了在何种情形下政府需要对因其管制而对所有者造成的损害进行补偿。

　　这与土地的征收有本质的区别。在征收中，所有者的财产被剥夺了。在政府为了公共利益而需要获得对不动产的"绝对使用"但却无法与所有者达成协议时，征收可以作为一种政策工具。因此，只有当政府认为其对财产的征收，或者说获取财产的绝对处置权是必要的并且是出于公共利益的考量时，才可以行使征收权。

2.2.2　土地开发权与发展权

（土地）开发权（right to develop）

　　在荷兰，土地开发权与土地的所有权（或土地租赁）密切相关。❶ 土地的所有者就是有权实现该土地建设规划的权利人。土地所有权与土地开发权之间的关联，解释了为什么私主体（例如私人开发商）经常购买（未开发的）土地。他们购买土地是为了在土地上进行开发建设从而赚取利润。然而，如本节前述，土地所有者的土地开发权仅存在于市政府土地利用规划所设定的公法限制范围内。有时，也有一些人主张取消财产权与土地开发权之间的联系。这种观点的支持者认为，取消两者之间的联系可以提升城市开发的质量以及民主程度。❷ 然而，政府至今仍然不愿意取消财产权与土地开发权之间的联系。其中一个重要的原因是，取消这两者之间的联系意味着严重违背荷兰政府所坚持的自我实现原则。有关自我实现原则的内容详见第 2.5.2 节。

发展权（development rights）

　　上文是从土地利用规划所确立的公法框架内去审视土地开发权。从分析的角度看，我们必须将其与私法视角下的发展权进行区别。私法视角下的发展权（development rights，荷兰语：ontwikkelrechten）可以被定义为：基于双方所达成的协议，一方从另一方取得的在特定的位置实现特定项目的排他性权利。此类发展权代表了某种经济价值。出让（私法上的）发展权的一方，必须拥有开发权，而开发权通过所有权或土地租赁权获得。在此我们给出有关发展权的三个例子。

---

　　❶ 在本节中，（长期）租赁（leasehold）等同于所有权。对土地租赁（ground lease）的详细介绍，参见本书第 5 章第 5.6 节。

　　❷ 比如，参见：H. Priemus. Van bouwkartel naar. *Building Business*. maart 2007. p. 54.

案例 **1**

某私主体 A 拥有（或租赁了）一块土地，并拥有在土地利用规划确定的框架内进行土地开发的权利。A 与 B 签订转让发展权的协议，从而使 B 具有了在 A 的土地的特定部分进行社会住房建设的排他性权利。协议授权 B 实施的项目只是在该块土地上要实施的总体项目的一部分，剩下的项目仍然由 A 来实施（在此案例中，B 可以是纯粹的私主体，例如房地产开发商，但也可以是非营利性企业，比如住房协会）。

案例 **2**

公共主体 Q（某市政府）与 P（某住房协会）签订了一份协议，根据该协议，P 需要在贫困社区进行住房建设。P 在这一项目中很可能不会获得任何利润。为此，这一协议同时赋予了 P 一项今后在该市范围内高利润区的发展权。

案例 **3**

开发商 X、Y、Z 在一个即将进行开发的区域内分别拥有几块地。市政府也同样在该区域内拥有几个地块。不过所有这些私人地块都不适合于总体规划中确定的开发建设，因为这些地块过小，需要进行调整。开发商们同意将他们的土地卖给市政府。而如果政府拥有所有地块的话，就可以重新分配土地。作为对出售土地的回报，开发商们不但从市政府处获得了土地的对价，还获得了发展权。这赋予了 X、Y、Z 后期在该区域内特定区位实现特定项目的专有权利。也就是说，他们有权在政府重新分配地块、整理土地以备开发建设，并随后将地块卖回给他们（原开发商）之后，在取得的土地上实施特定的项目。

这一行为模式被称为"发展权模式"（development rights model，荷兰语：bouwclaimmodel）。它经常被用于（大规模的）城市开发项目中存在权属分散的情况（关于发展权模式的更多信息详见第 5 章第 5.7.4 节）。

2.2.3 财产权之争

需要明确的是，与美国相比，荷兰并不存在什么"财产权之争"。从 20 世纪 80 年代以来，美国就政府对私有财产权限制的可取性与容许性一直存在着激烈的争论。❶ 这一争论在联邦最高法院对凯洛诉新伦敦市（*Kelo vs. City of New London*）一案的判决中进一步升温。❷ 在此案中，为了促进经济发展，（新伦敦市）利用征收权（eminent domain）将财产从一个私人所有者（凯洛夫人）转移给另一个私主体（再开发商）。❸ 法院的判决招致了强烈的反对，许多人担心这一判决为市政府因私人开发项目（而不是公共设施项目，如道路的建设）而剥夺其财产的行为铺平了道路。在美国，一个强有力的保守派运动利用政治行为与法院判例挑战着政府对私有产权限制的合法性。产权运动（property rights movement）的成员认为，财产所有者，如房屋所有者和土地所有者，已经为那些旨在限制其财产使用的监管约束所编织成的网所困。❹ 在规划法律方面，产权运动主要反对：①限制性的分区管制；②限制所有者对土地进行全部或者部分使用的环境法律；③对征收权的滥用。产权运动反对使用"模糊的公共利益"作为支持限制性的土地利用规制的正当性依据。如上所述，这一由意识形态引发的运动在荷兰并不存在。相反，人们总体上支持政府通过土地利用规划、优先购买权（见下文），以及征收对财产权等实质权力限制土地开发利用。这或许是与政府能够为其限制措施所造成的损害提供相对充足的补偿有关。

2.3　土地利用规划与规划补偿权

土地利用规划是对土地所有者财产权的限制。❺ 简言之，土地利用规划决定了在哪儿可以建造什么建筑，以及适用哪些法规（如限高的规定）。土地利用规划就是通过这样的方式对财产的使用进行限制的。虽然原则上，土地利用规划对所有权人产权的侵犯与法律规定一致，但在特定的条件下，土地所有者也有资格申请规划补偿（planning compensation，荷兰语：planschadevergoeding）。某种意义上，规划补偿权是政府通过土地利用规划限制所有者土地使用权力的"对应产物"。规划补偿是指对那些因规划而造成的损害进行补偿。例如，当新的土地利

---

❶ H. M. Jacobs. The Politics of Property Rights at the National Level；Signals and Trends. *Journal of the American Planning Association*，2003，volume 69：2. p. 181. 同时参见：Needham B. *Planning*，*Law and Economics. The rules we make for using land*. London/New York（Routledge），2006。

❷ 545 U. S. 469（2005）.

❸ "征收权（eminent domain）"是一个美国术语，用来指代政府机关剥夺私人拥有的财产，并支付赔偿的权力。在英国，对应的术语是"强制性购买（compulsory purchase）"。在本书中，用"征收（expropriation）"来描述这一政府权力。

❹ S. J. Eagle. The Birth of the Property Rights Movement. *Cato Policy Analysis*，2001. no，404.

❺ 本节部分内容基于：F. Hobma. Chapter 17 The Netherlands. In：R. Alterman. *Takings International. A Comparative Perspective on Land Use Regulations and Compensation Rights*. Chicago（American Bar Association），2010.

用规划剥夺了原规划中本来存在的发展权时，就是对产权的限制（进而需要对产权人进行补偿）。

案例

> 假设 A 拥有地块 X。土地利用规划允许在这一地块上建造两座均为 20 层高的办公大楼。A 尚未实施这一建造计划。进一步假设在该土地利用规划采纳后的几年，城市内现有办公楼的空置率越来越高。这促使市议会决定采用新的土地利用规划，其中 X 地块的限高被改为 8 层。

这一案例显示了一个新的土地利用规划是如何能够剥夺原来存在的土地发展权，从而造成土地价值的贬损。但是，需要注意的是相反的情形也会出现。一个新的土地利用规划也可能建立先前不存在的发展权，从而增加土地的价值。例如一块农业用地获得了"居住用地"这一土地利用目的（land – use objective）❶。这两个相反的情形均说明了改变土地利用规划会对土地价值产生显著的经济影响。❷

荷兰法律规定，在特定情况下，因政府限制导致财产权损失的可以获得补偿。《空间规划法》第 6.1 条规定了对损失的补偿（Compensation for Loss，荷兰语 tegemoetkoming in schade）。该法的第 6.1 条规定解释说明了因规划而产生的赔偿方案，该条规定如下：

1. 如果这一损失不应当由申请人合理地承担，并且不能通过其他渠道获得足够的补偿，市长和市府参事（Mayor and Aldermen）可以根据请求，对因本条第 2 款列举事项而对其已造成或将会造成收入损失与不动产价值贬损的当事人给予补偿。

2. 上款所称事项主要包括：

a. 地方土地利用规划或者强制的土地利用规划（imposed land – use plan）（强制的土地利用规划是指当市政府拒绝采纳为一个特定项目制定的土地利用规划时，省级政府或者相关部长强制制定并实施的土地利用规划——译者注）的规定（……）；

b. （……）；

c. 对与土地利用规划相违背的土地利用或建设的环境许可证的授予（……）；

d. 对环境许可证授予决定的延误（……）；

---

❶ 本书使用"土地利用目的（land – use objective）"一词用来表示使用特定地块的目的，这其中也包括建筑的可能性。有些国家使用"土地利用指定（land – use designation）"一词来表达。

❷ 关于这一主题的更多详细论述参见 B. Needham (2006)。

e.　（……）；

f.　（……）；

g.　（……）。

3. 对补偿的申请应当包含对要求补偿水平的合理性进行说明和证实。

4. 对因本条第 2 款 a，b，c，e，f 或 g 项中所列事项造成的损失，补偿请求必须在第 1 款中所指的事项成为不可撤销事项后的 5 年内提出。

5. 对本条第 2 款 d 项所称因许可证授予决定的延误而造成的损失，补偿请求只能且必须在对所采纳的土地利用规划的公众审查开放后的 5 年内提出。

根据该条法律规定，可以推断出规划补偿权的主要组成部分。

（1）直接和间接的损害

第 6.1 条规定了规划补偿权是针对"对其已造成或将会造成损失的当事人"。其中，该"损失"包括两种类型。第一种类型是直接的损害（direct damage）。它指的对所有者自身财产的损害是由新土地利用规划或者修改后的土地利用规划导致的（见上例）。第二种类型是间接的损害（indirect damage）。它指的损害是由邻近土地（neighboring property）上的建设行为导致的。比如由于 B 地块上的建设行为，导致 A 地块财产价值下降，或者 A 地块所有者的收入减少。❶ A、B 地块不一定是相邻的。在荷兰，绝大部分的补偿请求都与间接损害有关。❷

（2）资本和收入损失

规划补偿权不仅限于资本的损失，收入的损失也可以得到补偿。资本的损失可能是由于光照的减少、视野的阻隔、噪声危害、空气污染、停车位的减少，或者垃圾堆里发出的恶臭导致。收入的损失则可能是由公司营业额的减少造成的。

（3）各类规划决定

规划补偿权的行使可能由各种不同类型的规划决定引起。显然，有关新土地利用规划或者修改后的土地利用规划的决定是导致规划补偿请求的最重要的原因。但是，其他规划决定也会导致对规划补偿的请求。其中包括：①因"对与土地利用规划相违背的土地利用或建设的"❸ 环境许可证的授予决定所造成的损

---

❶　不仅是所有者，承租人也可能是利益相关方。

❷　根据范拉弗尔斯（van Ravels）的报告，在上诉至最高行政法院（国务委员会行政司法部）的有关规划补偿权的案件中，85% 的与间接损害有关。参见：B. P. M. van Ravels. Planschade；Van vergoeden naar tegemoetkomen. In：R. W. M. Kluitenberg ed. 40 *jaar Instituut voor Bouwrecht*. Den Haag（Instituut voor Bouwrecht），2009。

❸　实际上，这指的是市政府做出的偏离原土地利用规划的决定。参见本书第 4 章第 4.9 节的内容。

失；②因对环境许可证授予决定的延误（deferment，荷兰语：aanhouding）所造成的损失。

（4）不可撤销性

考虑是否接受规划补偿请求的一个条件是相关的土地利用规划或者偏离土地利用规划的决定（the decision to deviate from a land – use plan）是不可撤销的。一个不可撤销的土地利用规划满足以下两个条件：①土地利用规划已经被采纳；②针对该规划已经不能上诉，或者上诉已经被驳回。由不可撤销的土地利用规划所造成的可补偿的损失受到 5 年期限条件的限制。补偿请求必须在土地利用规划成为不可撤销的法律事实之后的 5 年内提出。

（5）非全额补偿

《空间规划法》中的规划补偿权制度并非建立在全额补偿的前提下。只有那些不能由受损方合理负担的部分才会被补偿。《空间规划法》第 6.2 条对规划补偿权做出了一项重要限制。该条第 1 款规定：

> 1. 在标准的社会风险范围内的损失应当由申请人自行承担。

该款表明，市长和市府参事（在上诉的情况下则是法院）必须确定申请人所请求的补偿，是否全部或者部分属于"标准的社会风险（standard social risk）"的范围内。市长和市府参事（或者法院）会使用各种标准来对此进行评估。❶ 其中第一个标准是，造成价值贬损的原因是否在预期之内，例如在申诉人房屋前建造新的大体量住宅项目。如果将要建造新住宅的土地属于自然保护区（对重要的动植物进行保护的区域）的一部分，那么这一新项目的建造是不明显（难以预料）的。相反，假设将要建造新住宅的土地上是一座现在已经破败的仓库，在这种情况下，新的开发项目——包括旧仓库的拆除以及新房屋的建造——则要显而易见得多。第二个标准是新的开发项目是否与城市结构相契合。例如，如果现有区域是由半独立式住宅组成的，同时新开发的项目也是半独立式住宅，那么该项目就可以被认为是契合城市结构的。以上仅仅是可以用来判断请求的损失是否属于标准的社会风险范围内的几个例子。

《空间规划法》第 6.2 条第 2 款规定：

> 2. 以下损失不论在任何情形下均由申请者承担：
>
> a. 收入的损失：损失值相当于损失发生前收入的 2%；
>
> b. 不动产价值的贬损：损失值相当于损失发生前不动产价值的
>
> 2%，除非这一贬值是由以下原因导致的：

---

❶ J. H. J. van Erk, C. M. L van der Lee. Planschade en normal maatschappelijk risico：is 2% de norm? *Tijdschrift voor Bouwrecht*, 2013/80.

①对不动产组成部分的土地的使用。

或者②第 3.1 条中与不动产相关的法律规定。

《空间规划法》第 6.2 条第 2 款给出了一个 2% 的可扣除（补偿）的但书条款。只要是由规划决定造成的不动产价值贬损或者相关的收入损失小于等于 2% 的，受害方就没有资格请求补偿。那么问题是，多大的损失才能够得到补偿？上述条款显示了，无论如何，收入或价值损失 2% 是不在补偿范围内的。当然，该条款的规定也不排除大于 2% 的损失也不能得到补偿的可能性。

案例

例如，假设一座住宅在土地利用规划修改之前，价值为 400000 欧元。房屋所有者房前拥有一片牧草地，视野十分开阔。由于新土地利用规划的实施，一个住宅开发项目在其房前启动，导致其视野遭到了破坏。住宅所有者要求对其进行补偿。❶ 他声称其房屋价值已经下降到了 375000 欧元。

首先，必须要评估这一损失是否属于标准的社会风险范围内。如果草地是作为农用的，并且申请人的房屋坐落在一个正在扩张的住宅区域内，那么可以想象市长和市府参事应当会认定该损害属于标准的社会风险，因而无须对其进行补偿。

然而，如果该草地是一个自然保护区的一部分，市长和市府参事可能会认定这一损害不属于标准的社会风险范围。❷ 在这种情况下，必须评估多少损失需要得到补偿。根据 2% 可扣除补偿条款，400000 欧元的 2% 也即 8000 欧元，对房屋所有者对这一部分损失是无须补偿的。剩下的部分（25000 欧元，减去 8000 欧元，等于 17000 欧元）原则上房屋所有者是有资格获得补偿的。

很明显，可扣除补偿条款并不适用于对受害方不动产的开发或者使用进行限制的土地利用决定导致其财产价值贬损的情形（《空间规划法》第 6.2 条第 2 款 b 项）。也就是说，2% 的可扣除补偿条款并不适用于上文界定的"直接损害"的情形。比如本节中先前提到的减小办公大楼高度的例子。政府之所以这样规定是为了避免与《欧洲人权公约第一议定书》的第 1 条相冲突。

（6）货币或实物补偿

在绝大部分的案例中，主要采用的是货币补偿形式。不过，实物补偿也是一

---

❶ 这属于上述定义的"间接损害"的例子。

❷ 该案例取自：P. J. J. van Buuren, A. A. J. de Gier, A. G. A. Nijmeijer, J. Robbe. *Hoofdlijnen ruimtelijk bestuursrecht.* Deventer（Kluwer）, 2014. p. 267.

种备选方案。在实物补偿情况下，会给予申请人另一个不动产。

当然，市长和市府参事可能会拒绝对声称因土地利用规划的实施而遭受的损失的申请人提供补偿。同时，也存在市长和市府参事虽然提供了补偿，但申请人对补偿的数额并不满意的可能。在这两种情况下，申请人均可以对市长和市府参事（市行政委员会）提出异议。如果申请人对处理结果仍然不满意，其有权向法院（the court of justice，荷兰语：rechtbank）提起诉讼。如果对法院的判决也不满意，申请人可以进一步上诉至国务委员会行政司法部（the Administrative Jurisdiction Division of the Council of State，荷兰语：Afdeling bestuursrechtspraak van de Raad van State）。

规划补偿权协议

根据《空间规划法》的规定，应当由市政府对受损方进行补偿。毕竟，是市政府的决策（比如采纳一个修正的土地利用规划）为造成损害的活动提供了合法性基础。然而，实践中，为了将最终的财政负担转移给向市政府提议修改土地利用规划的开发商，一项法律手段被创造出来。在开发商的项目与现行土地利用规划相冲突的情况下，（开发商）修改规划的提案对于项目的合法实施是必要的。这一法律手段被称为"规划补偿权协议（planning compensation rights agreement，荷兰语：planschadevergoedingsovereenkomst）"。在这一协议中，开发商同意为市政府批准的规划补偿申请"买单"。市政府常常将这一协议作为条件。在市政府同意修改土地利用规划（或其他规划手段）以推动开发商的项目之前，开发商必须首先满足这一条件（签订协议）。规划补偿权协议是有明确法律依据的：《空间规划法》第6.4a 条承认了市长和市府参事具有与不动产开发商或者其他建筑项目的发起人签订此类协议的权力。

国际比较

一个对全球 13 个经济发达国家的比较研究显示，荷兰的规划补偿权制度是相当慷慨的。❶ 许多盎格鲁 – 撒克逊国家常常只提供很少的或者甚至不提供补偿。❷ 此外，许多国家只对直接的财产损害进行补偿，而不对间接损害进行补偿。

---

❶ R. Alterman. *Takings International. A Comparative Perspective on Land Use Regulations and Compensation Rights.* Chicago（American Bar Association），2010.

❷ 在此方面，英国可以作为一个例子。M. Purdue（Unired Kingdom. In：Alrerman 2010. p. 119）指出，在英国，针对因土地利用规划对土地指定的用途而造成的财产损失，土地所有者没有获得补偿的直接权利。然而，近年来不断有人主张引入对私人的补偿，例如 M. Gorry, G. Mather, D. Smith. *Compensating for development. How to unblock Britain's town and country planning system.* London（The Infrastructure Forum），2012。他们提出这些主张的背景主要是因为对个体居民的补偿会减少对新开发项目的反对。

2.4　优先购买权

优先购买权（pre－emption rights，荷兰语：voorkeursrecht）也会构成对所有者财产权的限制。在荷兰，优先购买权一般是由市政府创设的，尽管省政府和国家政府（national government）也有创设优先购买权的权力。创设优先购买权的权力由一项特别法，即《市政府优先购买权法》做了专门规定。优先购买权的创设意味着，市政府可以指定特定的私人地块，对其使用优先购买权。创设优先购买权的结果是，如果被指定地块的所有者愿意出售其土地，他必须将其出售给市政府。因此，市政府可以先于他人与土地所有者进行谈判并购买该土地（以及其上建筑）。

优先购买权不仅仅限于土地（及其上建筑）的转让，它也适用于（受限制的）使用权（（limited）user's rights，荷兰语：（beperkt）zakelijke rechten），比如土地租赁权（ground lease，荷兰语：erfpacht）。一旦优先购买权创设并生效之后，土地承租人就不能再随意将其租赁权转让给除市政府以外的其他人了。

需要注意的是，优先购买权的创设，并不表明所有者必须立即将其土地出售给政府。它仅仅意味着，如果所有者想要出售其土地，他必须将其出售给市政府而不能出售给其他人。如果所有者愿意出售并且双方达成协议，那么该不动产便转移给了市政府。

如果双方对售价不能达成一致意见，那么卖方可以表明其希望得到由独立的专业人士给出的关于市场价格的建议。在这种情况下，地区法院会指派独立的专家对财产的市场价格给出建议，并由市政府承担这一成本。然而，卖方并没有义务接受这一建议的价格。此时，（关于价格的）协议便无法达成，土地所有者也不会将其不动产转移给市政府。在这样的情况下，所有者只能保留其财产，因为该财产被禁止转让给其他人。简言之，他将继续是土地的所有者。如果，在未来某一特定的时点，该土地需要被开发，但是土地所有者仍不愿意出售其土地，那么市政府就可以启动征收程序。

此外，需要注意的是，优先购买权的行使暗含了"强制提供"（forced offer）的意思：土地所有者被强制将其不动产提供给市政府（如果他有出售财产的计划）。这与"强制出售"（forced sale）不同。"强制出售"的确存在于荷兰以外的其他国家。在葡萄牙进行城市更新的地区，确实存在强制出售的制度。在该制度中，不动产并非要被（强制地）出售给政府，而是被强制通过拍卖形式出售。

很明显，通过优先购买权的创设对财产权的限制体现在对不动产自由转让的约束上。土地所有者不能自由地与市政府以外的其他主体进行谈判。由于该限制的重要性，法律为产权人提供了保护措施：所有者有权对优先购买权的创设决定提出异议。如果其对处理结果不满意，还可以诉至法院。最终也可以将案件上诉至国务委员会行政司法部。

根据市政空间政策，优先购买权通常会用在即将实施新开发项目的地区。例如一块由农民拥有的农地，被规划用于住宅区的开发。总体而言，《市政府优先购买权法》的目的是在投机者或者私人开发商之前获得土地。因为土地的所有者对一个地区未来的空间开发具有相当大的影响力。

虽然《市政府优先购买权法》的基本原则很简单，但法律本身是很复杂的。在将土地提供给市政府这一义务方面也存在一些例外，比如设定了优先购买权的土地仍然可以在家庭成员之间交易（第 10 条）。另外，实践中，不动产咨询师们不断地想出各种方法来规避这一法律，以使土地所有者不必将其土地及其上建筑提供给市政府。

2.5 征收

2.5.1 对财产的剥夺

征收是对财产权进行限制的极端形式。[1] 实际上，征收意味着对所有者财产的剥夺。有时，通过土地利用规划对（私人）财产的使用进行规制并不足以实现政策目标。为了完成预期的开发项目，需要政府对土地的"绝对"控制，比如需要修建一条新的高速公路时绝对的政府控制意味着，需要拥有对土地的所有权。如果需要对土地的绝对控制，政府可以根据私法对土地进行购买。另一个可行的途径是通过使用优先购买权来购买土地。然而，以上两种方法都不适用于所有者不愿意出售其土地的情形。如果土地所有者不愿意出卖其土地，当特定条件被满足时，便可以采用征收的手段。

《宪法》规定，征收必须是出于公共利益，并且只有在保证基于国家法律所确定的补偿之后才能实施（《荷兰王国宪法》第 14 条）。规定这一问题的国家立法是《征收法》。

征收可以被多种政府机构实施，比如国家政府、省政府、市政府以及水务机关（water authorities）等（《征收法》第 1 条第 1 款）。除了政府机构之外，也允许以"特许经营权人"（concessionaires）的名义以及为了其利益实施征收。特许经营权人是指被指派专门为公众利益服务的个人或私法主体。不过这种情况是比

---

[1] 本节的部分内容是基于以下文献写成：F. Hobma, W. Wijting. Land – use planning and the right to compensation in the Netherlands. *Washington University Global Studies Law Review*, Volume 6, number 1（2007）。

较少见的。

最为常用的征收法律是基础设施法律和公共住房法律。市政府经常基于公共住房法律实施征收。地方政府也会将《征收法》及《空间规划法》同时作为法律依据以实现其土地利用规划的目标。具体而言，《征收法》从以下两个方面对《空间规划法》进行了补充：①为了土地利用规划的实施；②为了将土地利用现状维持与土地利用规划相一致（《征收法》第77条）。土地利用规划是《空间规划法》中可以作为征收基础的最为重要的规划手段。

因此，荷兰市政府会为了新的基础设施建设和未来的城市开发项目而行使征收的权力。对土地利用规划中用于未来城市发展的农村土地进行征收，就是后者的一个例子。与其他国家相比，荷兰政府的征收权力是比较大的。在一些其他国家，与荷兰不同，征收只能用于具有公共职能的项目，例如道路或学校的建设。在这些国家，实施土地利用规划中确定的未来城市开发项目，是土地所有者的权利。征收被视为违反了该权利，因而被禁止。❶

荷兰法律下的征收对象不只限于清晰的财产权属（clear property title）（无限制的所有权）。受限制的使用权也可以被征收。其中包括地上权（the right of superficies，荷兰语：recht van opstal）、土地租赁权（ground lease，荷兰语：erfpacht）或者用益物权（usufruct，荷兰语：vruchtgebruik）（《征收法》第4条第1款）。如果在所有权上设定了受限制的使用权，并且所有权已经归政府所有，那么对受限制的使用权可以实施单独的征收。

征收是由政府机构启动的，但是每一个征收案件都必须由（地区）民事法庭（《征收法》第18条）进行审判。法院决定征收请求是否具有正当性，并决定政府需要支付给被征收方的补偿水平。因此，此处对政府适用的原则是"任何人都不能成为他自己案件的法官（nemo iudex in causa suam）"❷。一旦征收发生，征收方（政府机构）会获得一个新的、完全没有设定任何负担的财产权。这相当于一个原始的所有权。

市政府也可以将征收作为一种为开发商创造确定性的手段。

案例

假设某一区域是可以被（再）开发的。进一步假设某一私人开发商有（再）开发该地区的意愿。然而，该地区的土地所有权分散在多个土地所有者之间，而在最终的（再）开发计划实施之前需要进行土地集中。假设，

---

❶　2009年《丹麦规划法》的修正案就是基于该主张形成的。

❷　英文是"No one can be judge in his own case"。也就是说，政府本身不能决定补偿的金额，而应当由独立的法官做出决定。

所有者最终是否愿意将其土地出售给开发商是不确定的。

在上述条件下，可以预想开发商对于是否应该购买其中的单个地块是会非常犹豫的。毕竟，开发商无法确定他是否能够获得实施（再）开发计划所需要的全部土地。考虑到这种情况，市政府可以提前为开发商创造确定性。也就是说，如果土地所有者不愿意出售其土地给开发商，那么市政府可以通过征收获取土地以使（再）开发成为可能（只有在市政府与土地所有者之间平等的谈判不能达成出售财产的合意时，才允许对财产进行征收）。提前为开发商创造确定性可以促进开发商在难以实施的计划中对土地的购买，例如对城市内部的再开发项目。

土地征收是最后的手段（ultimum remedium，英语：last resort）。拥有征收权的一方必须首先尝试通过协商的方式购买土地，以达成自愿的买卖交易（《征收法》第 17 条）。城市开发的绝大多数案例都是通过平等协商实现的。一项对涉及城市扩张的市政府大样本研究显示，在被指定用于住宅开发项目的地区中，只有 4% 的地区实际使用了土地征收手段。❶

同样地，当财产的使用者拥有受限制的使用权，比如土地租赁权，并且所有权已经为征收方拥有的，征收方首先会试图通过平等协商的方式取得使用权人的受限制的使用权。如果平等协商不能达成一致，征收方可能会将此事起诉到法院。如果法院发现征收方没有做出适当和可信的努力以与使用权人达成友好协商的协议，那么其会驳回征收的请求。

为了获取补偿的资格，必须证明以下因果关系：损失是由征收直接造成的。然而，有关的征收法律规定了可以对征收给所有者和使用者造成的多种类型的损害与损失进行补偿。直接损失可以包括资本的损失、为新建筑资本化的再投资损失、由于破产清算或者强制搬迁导致的公司年收入受损，以及如搬迁费等附带费用。

总的来说，在土地征收的情况下，所有者有权要求全额补偿。该补偿是基于土地及其上建筑物的原用途的价值（例如农用地），或者是基于土地及其上建筑物的未来的用途（例如住宅用地），这取决于这两者中哪个价值更高。❷ 补偿的基础是土地及其上建筑物的市场价值。对市场价值的评估是非常复杂的。❸ 大致

---

❶ D. Groetelaers. *Instrumentarium locatieontwikkeling. Struingmogelijkheden voor gemeenten in een veranderde marktsituatie.* Delft（DUP Science），2004. p. 123.

❷ C. A. C. Frikkee, P. S. A. Overwater, J. W. Santing. Het bepalen van de inbrengwaarde bij het toepassen van de Afdeling Grondexploitatie Wro. *Tijdschrift voor Bouwrecht*，2009. p. 23.

❸ 关于估价原则的总结，参见：J. A. M. A. Sluysmans. Onteigening. In：M. A. M. C. van den Berg, A. G. Bregman, M. A. B. Chao – Duivis. *Bouwrecht in kort bestek.* 's – Gravenhage（Instituut voor Bouwrecht），2013。

上，我们可以说市场价值在荷兰意味着：考虑了（征收得以实施依据的）新的土地利用规划中未来可能建设的土地及其上建筑物的价值。

案例

> 按照"原有的"土地利用规划的规定，一块土地目前的用途是农用。假设，市议会针对该地区采纳了一个新的土地利用规划。新的利用规划将该块土地的利用目的由原先的农用地改为了住宅用地。如果为了开发新的住宅用地而对土地进行征收，那么原则上应该按照建设用地的价值给予农民补偿。这一价值要高于其作为农用地的价值。因此，在荷兰，作为土地征收依据的那个新的土地利用规划，是土地估价的起点。❶

其他许多国家也采用"市场价值"这一术语作为补偿的基础。但其含义往往与荷兰语境中的市场价值有很大差别，也就是说，在那些国家，市场价值指的是不动产在现有用途（current use）下的市场价值（与新的土地利用规划下的用途而言，此"现有用途"即土地的原用途）。❷

在一些案例中，并非所有的所有者的土地都会被征收。这会导致留给土地所有者的只是他原有土地的一小部分这样一种情况。而这些小块土地可能不再具有任何经济价值。在这种情况下，土地所有者可以要求法院强制政府收购他剩余的土地。严格来说，这并不属于为了公众利益的征收行为。

2.5.2　自我实现原则

土地所有权在空间政策的实现中发挥着重要的作用。一部非常著名的荷兰规划法书籍的副标题中写道"谁拥有土地，谁便进行建设（the one who owns the land, will build；荷兰语：wie de grond heeft, die bouwt）"。❸ 这一原则对于城市开发，比如对新住宅区的开发尤其适用。私人房地产开发商经常在规划或预期未来

---

❶　关于以新的土地利用规划为估价起点这一原则也存在一些例外情况。在这些例外情形中，估价时不能将新的土地利用规划纳入考虑范围，这些例外主要与政府出资的基础设施建设项目有关。

❷　法国就是必须将市场价值理解为"原用途的市场价值（value under current use）"的典型国家。法国征收法禁止在对土地估价时考虑土地的未来用途。对土地的价值评估必须是针对公开调查（土地征收程序的第一步）启动之前一年的土地价值。法院判决形成的判例法对这一定原则进行了一定程度的改善，使得最终的补偿金额要高于原用途（比如说农地）的价格，但仍低于城市土地的价格。在比利时也同样如此，新的土地利用规划并不能像在荷兰那样，作为估价的起点。参见：J. S. Procee, S. Verbist. *Het elimina-tiebeignsel in Nederland en België*. Den Haag（Instituur voor Bouwrecht），2013. 关于征收法律的国际比较研究，参见：J. Slysmans, S. Verbist, E. Waring. *Expropriation law in Europe*. Deventer（Wolters Klueuer），2015.

❸　P. S. A. Overwater. *Naar een sturend gemeentelijk grondbeleid*；*wie de grond heeft, die bouwt*. Deventer（Kluwer），2002.

将要开发成住宅区的区域（比如从农民手里）购买土地。他们知晓土地所有权的重要性。土地所有权为他们提供了开发土地并获取利润的机会。土地所有权使开发商处于一个非常强的地位：拥有土地便有可能申请环境许可证，从而实现土地利用规划。

土地所有权所具有的强有力地位也体现在所谓的"自我实现原则（self - realization principle，荷兰语：zelfrealisatiebeginsel）"中。自我实现原则也表明了土地所有者拥有进行土地开发的权利。这一原则规定，如果一个主体，比如房地产开发商，具有（部分地）实现土地利用规划的能力，并且愿意采用与市政府所会采取的相同方式去实现土地利用规划，那么他的土地就不能被征收。这一原则是从基于《征收法》的判例法中演变而来的。

《征收法》第78条规定：

> 1. 以公共机构的名义实施征收（……）必须凭借皇室法令（Royal decree），并应公共机构议会的请求（……）而开始。在决定是否通过这一请求之前，必须听取国务委员会的意见。

该条法律规定表明，以公共机构的名义，并为了公共机构（比如市政府）的利益而实施的征收必须经过皇室法令的核准。皇室法令是由皇室所做出的决定。皇室的组成包括国王以及大臣（《荷兰王国宪法》第42条第1款）。因此，皇室关于土地征收的决定需要经过国王（或者女王）以及需要负责的大臣，多数情况下是对建筑环境事项负责的大臣（们）的签字。

皇室会检验市政府的征收请求是否符合特定的标准。"自我实现原则"的基础是"必要性标准"。如果土地所有者具有（部分地）实现土地利用规划的能力并且愿意采取与市政府相同的方式实现土地利用规划，那么就没有必要进行征收。在这种情况下，土地所有者具有自我实现的权利，并因此可以自己去实现土地利用规划的目标。舒勒（Schueler）和麦林伯合（Mellenbergh）指出，自我实现原则也伴随一定的限制。只有当土地所有者的规划能够像政府一样好，并且其能够完全实现政府预想的目标时，才能适用自我实现原则。❶

德·格鲁特（De Groot）对皇室在维持必要性标准方面所做出的决策有精辟的总结。❷ 他指出在以下情况下，自我实现原则并不适用：

---

❶ B. J. Schueler, R. Mellenbergh. *Advies inzake de mogelijkheid tot afschaffing van het zelfrealisatiebeginsel in verband met artikel 1 van het Eerste Protocol van het Europees Verdrag tot bescherming van de Rechten van de Mens en de fundamentele vrijheden* (*EVRM*), Faculteit der Rechtsgeleerdheid, Amsterdam, 2 februari 2006. p. 5。另可参见以下报告：R. Mellenberg, B. J. Schueler. De mogelijkheden van afschaffing of beperking van het zelfrealisatiebeginsel（"The possibilities of abilition or restriction of the self realisation principle"）. *Bouwrecht*, 2006. p. 885。

❷ E. W. J. de Groot. Gebiedsontwikkeling, onteigening en zelfrealisatie. *Bouwrecht*, 2007. p. 933.

——所有者所想的规划实现方案与征收方所想的不同。

——所有者/开发商所拥有的地块过于分散，导致一个有效率的自我实现根本是不可能的（土地分散导致土地所有者/开发商不能够实施规划中的单独一部分）。

——并且/或者规划必须作为一个整体一同实施，而所需的土地并不被任何所有者/开发商全部的占有。

——对公共工程的实现，最好由政府来主导。

他接着指出，从皇室的决策中可以推得，如果所有者/开发商在不出现上述限制情形的前提下具备以下条件，那么他便可以适用自我实现原则：

——为实现土地利用目标做好了准备，这意味着他必须形成了具体的实施方案。

——具有实现土地利用目标的能力：他必须能够证明，不论是否通过与第三方的协议，他能够承担项目实施的成本并且具有基本的知识与经验。

——必须采用征收方所希望的方式实施这一项目，这通常意味着，所有者必须在开发安排、房屋类型、公共利益以及开发质量方面（与政府）进行协商并达成协议的意愿。❶

2.6　限制条件的登记

2.6.1　公法限制的公示

本章介绍了一些政府为了公共利益可能对财产所采取的限制措施。可以理解，像其他很多事项一样，购买土地和建筑物的决定会受到土地和建筑物所受限制（及其范围）的影响。这既适用于考虑购买既有房屋（现房）的个人，也适用于考虑购买土地用于未来开发的职业开发商。因此，是否能够获得关于政府限制的信息就具有极其重要的意义。那么，一个潜在的购买者如何能够获知是否存在政府限制呢？

答案在《公法限制登记法（The Act registration public law restrictions，荷兰语：Wet kenbaarheid publiekrechtelijke beperkingen）》中可以找到。该法案的第一版于2007 年 7 月 1 日生效。该法案以对政府限制进行登记为原则，并不考虑做出限制决定或规划的政府机构的性质。也就是说，该法案对市政府、省政府、国家政府，以及水务机关所做出的决定与规划均适用。下面为这些规划和决定的一些例子：

——市政府将一建筑指定为历史保护建筑的决定，例如，该建筑被遗产保护（荷兰语：beschermd monument）立法所保护。

---

❶ E. W. J. de Groot. Gebiedsontwikkeling, onteigening en zelfrealisatie. *Bouwrecht*, 2007. p. 933.

——主管自然保护的大臣指定某区域为自然保护区的决定。

——省行政委员会认定某特定地块受到严重污染，需要短期污染治理的决定。

——市政府在特定地块上创设优先购买权的决定。

——市政府采纳一个开发方案的决定，该方案指明了市政府要从开发商那里收回成本。

——市议会采纳一个新的土地利用规划的决定（注意这一决定在第一版法案中并不存在，但在新版本中已明确包含）。

这些限制条件如何登记？可以登录荷兰地籍处（即土地登记）的网站www. kadaster. nl 对这些登记的限制条件进行概览。荷兰地籍处（性质为非政府部门公共机构）提供一个称之为"所有权的地籍报告（cadastral report ownership，荷兰语：kadastraal bericht eigendom）"的在线项目。这一项目会提供有关地块的所有者及其上所受的政府限制，以及其他一些信息。有关政府限制的登记信息也可以从市政府或者地籍处的地区办公室获得。有关每一限制决定的原件均由市政府（如果是有关市政府的决定）或者地籍处（如果是省级政府、国家政府或者水务机关的决定）保管。这些决定的副本均可以从以上机构获得。

2.6.2 私法限制的公示

除公法上的限制之外，对土地的利用与开发也可能受到私法限制的约束。地役权（easement，荷兰语：erfdienstbaarheid）就属于这类私法限制。地役权是为了便利另一不动产的使用，而在一块不动产上设定的负担（《民法典》第 5 卷第 70条）。换句话说，这是一个土地所有者对另一个土地所有者的土地所享有的权利。它可以是所有者 X 直接在他人（Y）的土地上从事某项活动的权利，也可以是所有者 X 阻止 Y 以特定方式使用 Y 自己的土地的权利。以下是关于地役权的一些案例。

案例 1

例如 X 具有在其他人的土地上通行的权利（通行权，a right of way，荷兰语：recht van overpad）。这一权利在乡村和城市建成区都很普遍。

案例 2

另一个例子是，X 具有在 Y 的土地上铺设电缆或者管道的权利。

案例 3

另一个是关于视野的权利，主要是说某一土地所有者（Y）不能在其土地上建设超过一定高度的建筑，从而保护另外一个土地所有者（X）的视野。

在地役权的案例中，需役地的土地所有者常常通过单笔支付的形式获得收益。主要原因是供役地的开发潜力会受到阻碍，因而其价值会下降。当然，重复性的支付，例如按年支付，也是可以的。地役权随土地而动，所以供役地的继受者也受这一权利的限制。

除了地役权之外，还有其他的私法限制类型，比如地上权（the right of superficies，荷兰语：recht van opstal）。地上权是指对地上建筑物的所有权与其下土地的所有权是分离的（《民法典》第 5 卷第 101 条）。即：土地与其上建筑物有不同的所有者。地上权打破了建筑物以及其他构筑物一经建造而成便成为土地所有者的财产的规则（《民法典》第 5 卷第 20 条）。

例如地役权和地上权等的私法限制，被称为受限制的使用权（limited user's rights，荷兰语：beperkt zakelijke rechten）。一个潜在的不动产购买者如何获知受限制的使用权的有关信息？对私法限制的登记具有法定基础。受限制的使用权的登记也由可以获得荷兰所有地块信息的地籍处负责。

第 **3** 章　环境许可证

3.1　空间规划与建设中环境许可证的基本原则

3.1.1　引言

正如第 1 章所述，关键的回应型（reactive）政府权力意味着政府有权要求一个项目发起者拥有一个或多个许可证。在一个建设项目开始之前，通常需要一项或多项许可证。

本章将会讨论"许可证"问题，尤其会更加详细地讨论建筑工程项目的环境许可证（environmental permit for a building project，荷兰语：omgevingsvergunning voor een bouwproject）。首先，我们来看几个有关规划和建设中许可证制度的一般性原则。

每个许可证都有各自的评估框架，也就是说，每种许可证都有用来判定它是否能够被授予的标准。许可证制度（permit system）是由：①需要某一许可证的特定活动；②获取某一许可证的特定标准（评估框架）两部分组成。在荷兰，最著名的许可证制度是环境许可证制度。尽管在规划和建设活动中有不同的许可证制度，但它们都有很多共同的基本原则，在这一节中都会谈到。

3.1.2　原则

许可证制度的原则在于，除非政府另有示意，否则申请许可的事项是不被允许的。在荷兰，如果没有市行政委员会（the Municipal Executive）根据《环境许可（一般规定）法》第 2.1 条第 1 款的规定授予的环境许可证，是不可以进行建筑施工的。该许可证的特点在于，必须在建筑施工开始之前就获得许可。其隐含的目的在于引导建筑活动朝政府期待的方向发展。因此，许可证方式的预防性（事前的）措施（preventive measures），不同于建筑工程完成后的压制性措施（repressive measures）。

3.1.3　工具

"许可证"现象是政府长期以来保证其政策得以实施的关键工具之一。科肯（Kocken）在他对中世纪建筑规定的描述中提到，那时荷兰就已经存在多种许可证（也被称作"consent"或"oirlof"），其设计的目的在于防止一些不期望的情况出现。❶ 市政府有权决定某一建筑是否能够建造、何时建造及如何施工，同时要求在打地基和盖屋顶或者重修屋顶时（为了防止居民用更廉价或者可燃的材料降低屋顶质量），以及实施诸如建筑物的扩建等变化时，必须申请许可证。另外一项预防性措施与对建筑材料的监管有关。

与中世纪那时一样，许可证制度现在依然是政府用来对建筑活动施加事前影响的重要工具。

3.1.4 合法性原则

可能有人会问，谁给了政府这样的权力要求个人在建筑时必须要申请许可证？对这一问题的回答就涉及合法性原则（principle of legality），即规定政府职能行使法律实现授予的权力。❷ 因此，政府（针对建筑活动）授予许可证的权力总是建立在法定基础上，并且许多法律都承认一项或者多项许可证制度。

3.1.5 公众利益

政府通过许可证制度来规定可以修建什么样的建筑、修建的地点及如何修建等内容。通过这种方式，许可证制度服务于不同的公众利益（general interests），而在规划和建筑领域的关键利益是：建筑的安全、合理、可持续、美观及恰当的空间规划。

3.1.6 审查

许可证制度的一大特点是，政府机构将会根据特定的标准对许可证的申请进行审查，这些标准构成了决定是否授予某项活动许可证的评估框架。例如，某一建筑项目的环境许可证申请需要根据《建筑法令（The Building Decree，荷兰语：Bouwbesluit）》进行审查，《建筑法令》对建筑规划做出了翔实的规定，只有符合这些规定，该项目才能获得许可证。

《建筑法令》中规定的一些事先的标准，可以防止授予许可证时的独断性。利用这一评估框架，可以大大消除对许可证申请的随机偏好或偏见。

3.1.7 决定

一般来说，政府部门可以通过以下 4 种形式对许可证的申请做出决定：

——该申请不被接受（inadmissible，荷兰语：niet - ontvankelijk）。主要是因

---

❶ E. H. A. Kocken. *Van bouwen, breken en branden in de lage landen. Oorsprong en ontwikkeling van het mid-deleeuws stedelijk bouwrecht tussen +1200 en +1550. Een terreinverkennend onderzoek.* Deventer（Kluwer），2004.

❷ 参见第 1 章对合法性原则的更详细的说明。

为提交的申请内容和细节（通常是图件或者计算结果）不正确或者不完整。不过，《环境许可（一般规定）法》中也规定了更正条款，允许申请人提交缺少的文件内容。

——申请的许可证被拒绝。因为申请的活动违反了评估框架的内容。

——申请的许可证被延期。意味着在对申请人的许可证申请做出明确的决定之前，政府会针对申请做出另外一项决定。

——许可证被授予。可能是有条件或者无条件的，意味着许可证的申请符合评估框架的内容。

3.1.8 条款和条件

许可证经常会在一些特殊情况下被授予。例如，如果某一建筑工程的实施可以在某一特定的时间段内开始的话，那么建筑项目的环境许可证通常会被授予。另一种常见的授予情况是，某些特定的细节内容（如计算结果、图纸）需要在开始施工前的几周内，提交给当地的建筑控制部门（Local Building Control，荷兰语：Bouw – en Woningtoezicht）进行审批。

3.1.9 收费

许可证申请人需要缴纳给行政机关一定的行政费用（charges，荷兰语：leges），用于支付其处理许可证申请时所产生的相关费用。《市政收费法规（The Municipal Charges Bye – law，荷兰语：gemeentelijke Legesverordening)》规定了收费的水平。对于建筑工程的环境许可证而言，这些费用一般占到全部建筑成本的一定比例。下面的例子有助于大家更切实的理解。

案例

坐落在祖特梅尔（Zoetermeer）境内的 Bouwhuis，是荷兰建筑及基础设施公司协会（Netherlands Association of Building and Infrastructure Companies，荷兰语：Bouwend Nederland）的总部，总建筑成本为 21420000 欧元，许可证申请累计费用为 307685 欧元，这也是相当大的一笔支出。

一个较为常见的抱怨是，对相同的建筑工程的许可证申请，不同市政府的收费经常（也是被允许的）相差很大。

3.1.10 抱怨

多年以来，在规划和建筑领域的不同主体（尤其是开发商、设计师和承包商们）都表达了对许可证的数量之繁多及许可证的评估框架过于复杂的不满。为了引起对这一问题更大的关注，他们会定期组织一些活动，例如将装满建筑法规文本的手推车置于大众视野之中。这些反对的声音确实是强调了一点：建筑法规实在是太多并且太过于复杂。各级政府已经将减少规划和建筑的法规中的相关规制列为政策目标，几个地区已经成功实施。2010 年环境许可证的引入——尤其对开发商或者许可证申请者来说——已经使程序得到极大的简化。❶ 然而，与此同时，我们高度发展的、复杂的、苛求的社会在不断地提出更严格的新要求。这些要求将逐渐加入法规中。因此，人们对于被过度规制的规划和建设体系的抱怨，还会继续存在。

3.1.11　证书

近日出现了一种可以替代许可证的形式，即证书（certification）。在本质上，这意味着审查许可证申请的不再是政府机构，而是私人的认证机构，由该机构的认证人员根据评估框架对许可证申请进行审查。他们确保了能够达到授予许可证的标准，不再需要政府机构来进行审查。事实上，这种证书形式的认证方式将政府的审查行为转变为私主体的"自我规制"。

3.2　建筑项目的环境许可证

3.2.1　目的

在规划和建设领域的关键许可证是建筑项目的环境许可证，《环境许可（一般规定）法》第 2.1 条第 1 款规定：

> 禁止在没有许可证的情况下进行项目施工，此处的项目全部或者是部分地包括：
> 修建一栋建筑，
> （……），
> 等等。

项目实施地市政府的（市）行政委员会（the Municipal Executive）有权决定授予（或者拒绝）一项建筑活动的许可证申请（《环境许可（一般规定）法》第 2.4 条第 1 款）。

有关环境许可证的法规在《环境许可（一般规定）法》中可以找到。环境许可证的要求适用于所有建设（包括土木工程项目）。

---

❶ （单一）的环境许可证的要求代替了之前对与建筑相关活动的（分散的）多项许可证的要求。

环境许可证的评估框架——即衡量是否授予许可证的标准——是广泛的。实际上，环境许可证对建设设计审查的标准与以下几方面有关：

——城市规划（urban planning，荷兰语：stedenbouw）。

——技术可靠性和安全性。

——外观审美。

——（一定程度上的）健康和环保。

设立环境许可证的目的是防止建筑物的设计、建造与城市开发、技术的可靠性和安全性、外观审美，以及（一定程度上的）健康和环保有关的法规相冲突。

3.2.2 综合许可证

目前，项目发起人建设规划所需的所有政府许可几乎都整合到了一种许可证中：环境许可证。该许可证涵盖了涉及建筑、翻新、引起环境公害（例如噪音、异味、空气污染等）以及其他活动的许可。以前，申请人需要获得各种不同的许可证，但现在这种情况已不复存在。

已经被环境许可证取代的许可证主要包括：建筑许可证（building permit，荷兰语：bouwvergunning）、《环境管理法（The Environmental Management Act，荷兰语：Wet milieubeheer）》中的环境许可证（environmental permit，荷兰语：milieuvergunning）、建设许可证（construction permit，荷兰语：aanlegvergunning）、采伐许可证（felling license，荷兰语：kapvergunning），以及纪念碑许可证（monument permit）。这些许可证现在都已不再存在。他们现在都被《环境许可（一般规定）法》规定的环境许可证替代。然而，并不是所有以前的许可证都被环境许可证替代。一些单独的许可证仍然存在，例如一些在自然保护区进行的项目所需要的许可证。

环境许可证于 2010 年起生效。与之前需要获取许多不同种类的许可证的情形相比，对于项目发起者来说，统一的环境许可证制度的优点是显而易见的。如今，发起者只需要同一个部门办公室打交道。其只需要填写一张申请表（而且是电子表格）。且只有一个主管机关（competent authority，荷兰语：bevoegd gezag）进行管理，一旦主管机关做出决定，只需走相应的法律程序即可解决。

《环境许可（一般规定）法》的核心是"项目（project）"一词的提法。一个项目可能包括一个或者多个需要许可证的活动，例如建筑、翻新，以及伐木等。此外，一个项目可能只包括一个活动，例如建筑建设，但也可能是包含多种不同的活动。比如，一个项目可以由以下三个活动组成：①砍伐一定数量的林木；②拆毁现有历史保护建筑（纪念碑）的一部分；③修建新建筑。这三个活动会通过统一的环境许可证获得许可。申请人可以决定申请的环境许可证中包含哪些活动内容。

3.2.3　不需要许可证的建设

并非所有的建筑活动都需要环境许可证。有一些活动并不需要环境许可证。《环境许可（一般规定）法》第 2.1 条第 3 款。不需要许可证的建筑项目由荷兰议会的一项单独法令，即《环境许可法令（The Environmental Licensing Decree，荷兰语：Besluit omgevingsrecht）》做了规定。《环境许可（一般规定）法》的附录 2 列举了不需要许可证的建筑项目。有了这一附录作为基础，使得在没有许可证的情况下，进行大规模的扩建、添加，以及建设独立式的建筑成为可能，特别是在现有建筑的后院中进行上述各类建设活动。

3.2.4　许可证准备程序

《环境许可（一般规定）法》规定了两种不同的许可证授予的准备程序。通常情况下，许可证的申请遵循常规准备程序（regular preparation procedure，荷兰语：reguliere voorbereidingspocedure）（第 3.7 条至第 3.9 条）。如果是较为复杂的申请项目，则将启用延长准备程序（extended preparation procedure，荷兰语：uitgebreide voorbereidingspocedure）（第 3.10 条到第 3.13 条）。延长准备程序一般适用于，例如，一些可能引起环境污染的工业建筑、历史保护建筑（listed buildings，荷兰语：bechermde monumenten）的重大整修，以及需要偏离土地利用规划的许可证的申请等。

在做出正式的申请之前，建筑师和地方负责建设事项的官员之间会进行大量的磋商。双方就是否已提交必需的文件，是否需要除环境许可证之外的其他许可证，以及建设项目是否与现行的土地利用规划相一致等问题进行讨论、确定。如果建设与土地利用规划相冲突，申请人（或者是他的建筑师）可以探查市议会是否准备偏离现有的土地利用规划。这种事先磋商的重要性不能被低估。

常规准备程序的法定处理时限是 8 周，可以延长一次（6 周）。此外，如果申请者在 8 周（或者申请延长后的 14 周）后没有收到对其申请的反馈，那么可以视为他已被授予许可证（第 3.9 条第 3 款），此处适用的是"沉默即许可"（lex silencio positivo）原则（若行政许可机关限期内沉默/不回复，即视为其同意申请）。

对于延长准备程序而言，法定的处理时间为 26 周，可以延长一次（6 周）。但此处并不适用"沉默即许可"原则，如果超出处理期限申请者没有收到反馈，并不意味着申请人会获得许可证。这也是与常规准备程序相比，其中的一个不同之处。

3.2.5　建筑项目环境许可证的评估框架

与建筑项目实施有关的环境许可证的评估框架在《环境许可（一般规定）法》第2.10条第1款中有清楚的规定，它包括几种驳回申请的理由。这些都是驳回的强制性理由，也就是所谓的限制－强制制度（limitative－imperative system，荷兰语：limitatief－imperatief stelsel）。其一，这表明驳回的理由是有数量限制的。市行政委员会只能根据法律明确规定的理由来驳回申请。其二，如果出现了这些驳回理由当中的任何一种情况，则市行政委员会必须驳回许可证申请。驳回的理由是强制性的，也就是说，一旦出现任何一种驳回的理由，许可证申请必须被拒绝。例如，如果某一建筑的设计明显与土地利用规划中的最高高度标准相冲突，那么市行政委员会则不能授予其环境许可证。

（与建筑项目的实施相关的）环境许可证只有而且必须在以下情况下被驳回：

——建筑物与《建筑法令》的规定相冲突。

——建筑物与市级建筑法规（building bye－law，荷兰语：bouwverordening）相冲突。

——建筑物与市级土地利用规划（land－use plan，荷兰语：bestemmingsplan）或者管理条例（management regulation，荷兰语：beheersverordening）或者场地开发规划（site development plan，荷兰语：exploitatieplan）相冲突。

——建筑物与市行政委员会对合理外观的要求（reasonable requirements of external appearance，荷兰语：redelijke eisen van welstand）相冲突。

——建筑物结构与涉及公路隧道的安全规范相冲突。❶❷

近几年来，除了上述驳回理由之外还有一个额外的理由。如果一项环境许可证有很大可能会为犯罪活动提供便利，那么这也能构成驳回许可证申请的充分理由（《环境许可（一般规定）法》第2.20条）。例如，一项环境许可证涉及的建设很有可能会用于从事毒品洗钱活动。这种情况下的驳回理由不仅与环境许可证有关，也与诸如酒店和餐饮行业的许可证（hotel and catering permits，荷兰语：horecavergunningen）等有关。荷兰颁布了一项特殊的法案，政府可以通过许可证的签发、补助、授予政府合同（投标）等方式降低犯罪活动的可能性。该法案就是《公共政府诚信评估促进法（The Act for the Promotion of Integrity Evaluations by Public Government，荷兰语：Wet Bevordering Integriteitsbeoordelingen door het

---

❶　这仅适用于最短长度为250米的隧道，这些隧道供汽车使用，该问题将不在此书中讨论。

❷　通过对比不难发现，荷兰统一的环境许可证制度包括按照技术性建筑法规，以及空间规划文件的要求对建筑设计进行审查。在此方面，荷兰的环境许可证制度同时包含了英国的"建筑法规审批"及"规划许可"两部分内容。

Openbaar Bestuur)》。

按照评估框架对建筑设计进行审查是专业公务人员的责任。正如上文提到的那样，许可证一般是由市行政委员会正式授予的。

3.2.6　法律保护

市行政委员会很有可能会得出这样的结论：申请人提出的建设活动与一个或者多个许可证驳回理由的内容是不符合的，但许可证申请还是基于这些理由被驳回了。在这种情况下，申请人可以利用法律手段来对抗驳回决定。《行政法通则（The General Administrative Law Act，荷兰语：Algemene wet bestuursrecht)》中有关法律保护的条文在这种情况下也是适用的，并且为起诉和上诉提供了可能性。然而，在法律保护方面，常规准备程序和延长准备程序是存在一些区别的。

当一项环境许可证被驳回时，在走完了常规准备程序之后，申请人首先可以向市行政委员会提交异议书（a letter of objection，荷兰语：bezwaarschrift）以示反对，但这必须在驳回决定做出之后的 6 周之内提出。如果市行政委员会认定异议书的内容不成立，则异议人（此时也称为"起诉人"）可以针对该决定向法院提起诉讼，但必须在市行政委员会做出决定后的 6 周之内向法院提交起诉书（a letter of appeal，荷兰语：beroepschrift）。如果法院认为诉讼不成立，起诉人可以在 6 周之内向国务委员会行政司法部门提起上诉。这也必须是以书面形式完成。

当一项环境许可证被驳回时，在走完了延长准备程序之后，就没有必要提交异议书了。在许可证申请被驳回决定做出后，申请人可以直接向法院起诉。此处两种程序之间的这一区别主要是因为，在延长准备程序过程中，任何人都可以向市行政委员会提交关于"决定草案（draft decision，荷兰语：zienswijzen）"的意见，如果法院认定起诉不成立，起诉人可以在 6 周之内向国务委员会行政司法部门提起上诉。

即使在许可证申请通过的情况下，也依然会存在相应的法律保护。例如：当地居民对与建筑合理外观标准相违背的建筑物的抱怨。在荷兰，"利益相关方（interested parties，荷兰语：belanghebbenden）"具有一定的法律地位：他们可以针对政府的环境许可证决定向法院以及国务委员会行政司法部提起诉讼和上诉。法院将会对谁可以被认定为具有法律地位的利益相关方进行评定。

本章的剩余部分主要讨论环境许可证评估框架中每一项驳回许可证申请的理由（隧道安全委员会的建议作为驳回理由这一条除外）。它会对为了取得某一的建筑项目环境许可证所需要审查的标准进行阐释。

3.3 《建筑法令》

第一项用于驳回建筑项目环境许可证的理由是：建筑物的设计与《建筑法令》的规定相冲突（《环境许可（一般规定）法》第 2.10 条第 1 款 a 项）。

《建筑法令》包含了有关建筑物（以及比如隧道和桥梁等土木工程建设）的内容。它由大量针对新建建筑物和构筑物，以及原有建筑物和构筑物的技术性规定组成。对原有建筑的要求与对新建建筑的要求是不一样的，对后者要求明显更加严格。

《建筑法令》在涉及诸如承载力、稳定性、防火性、通风、隔音、能源性能标准、倾斜度和房间最低日照量等方面，明确了建筑需要达到的最低技术标准。

《建筑法令》的技术性规定包括一些涉及房屋质量的技术规定，例如洗手间的最小表面积，以及地板和天花板之间要求的最小距离等。

一般情况下，确保建筑结构与《建筑法令》的规定相符合是建筑工程师（structural engineer，荷兰语：constructeur）的职责。

《建筑法令》是一项国家文件，是一项基于《住房法》的行政法规（Order in Council，荷兰语：algemenemaatregel van bestuur）（相当于我国国务院制定的行政法规，但与我国的行政法规不同的一点是，此处的行政法规除了是由荷兰内阁——相当于我国的最高行政机关国务院——制定，同时还必须经过国王签发后才生效——译者注）。地方议会无法增加新的技术性规定，或者提升地方法规的等级。因此，原则上来说，不同的法制适用于荷兰的每个市级地区。

3.4 市级建筑法规

第二项驳回环境许可证申请的理由是：建筑物的设计与市级建筑法规相冲突（《环境许可（一般规定）法》第 2.10 条第 1 款 b 项）。

《住房法（The Housing Act，荷兰语：Woningwet）》规定，每个市政府必须制定地方建筑法规（第 8 条）。地方建筑法规包括不同性质的规定。《住房法》提供了必须在地方建筑法规当中详细规定的主题的一个总体概述（第 8 条第 1 款）。其中有关于防止在受污染的土地上修建房屋的规定。

实践中，大部分的市级建筑法规是非常相似的。这是因为大多数的市政府都使用荷兰城市自治协会（Association of Netherlands Municipalities，荷兰语：Vereniging van Nederlandse Gemeenten）的建筑地方法规模板（Building Bye-law Model，荷兰语：Model Bouwverordening）。

从规划和开发法的视角看，最有趣的是关于污染土壤的主题。对污染土地上房屋建造的规定，与《住房法》最原始的出发点是非常契合的：保护住房使用者的健康和安全。市级建筑法规规定，如果预期会对住房使用者的健康产生损害或者危险，那么在污染的土壤上建造房屋是被禁止的。涉及土壤污染的法规只适用于（累积）符合以下条件的建筑物（《住房法》第 8 条第 3 款）：

1）人们将会在其中永久或者几乎是永久居住的建筑物。因此，上述法规并不适用于用来储存物料的建筑物，尽管有时人们会在此类建筑中短期停留。

2）需要具备环境许可证才能建设的建筑。

3）接触地面的建筑。因此上述法规不适用于在原有建筑之上再造一层的建筑活动。

在此类建筑开始建造之前，必须对土壤的质量有清楚的了解。本书的第 7 章介绍了为清楚了解土壤质量而必须进行的土壤质量研究。

原则上，出具的土壤调查报告会有三种可能的结果：土壤没有污染、轻度污染或者是重度污染。

如果土壤调查报告显示土壤没有污染，那么环境许可证是可以被授予的。

如果土壤调查报告显示土壤有轻度污染，然后通过授予"附加条件的"环境许可证，那么也可以实现此类建筑的建设不会对建筑使用者的健康造成实质性危险的目标。附加的条件可以是，在建筑下面铺设一个绝缘和耐蒸气层。另外一种替代方法是，将部分土壤挖出来移到别处，然后在原来的位置覆盖上一层洁净的土壤。

最后，如果土壤调查报告显示土壤为重度污染，则必须在开始建设之前对土壤做深度清洁。对于这种情况，《环境许可（一般规定）法》规定了环境许可证起始日期的延迟（postponed commencement，荷兰语：uitgewerkte inwerkingtreding）：也就是必须等到土壤全部清洁完毕（或者清洁过程已经确保可以完成），许可证才开始生效。

市级建筑法规和《环境许可（一般规定）法》规定的结合使得从原则上来说，不会有建筑会修建在被污染的土壤之上。这些规定可以确保在建筑活动开始之前会首先关注土壤质量，在必要的情况下，会先对土壤进行清理。

3.5　土地利用规划

第三项驳回环境许可证申请的理由是：建筑结构的设计与市级土地利用规划相冲突（《环境许可（一般规定）法》第 2.10 条第 1 款 c 项）。

审查建筑的设计是否与土地利用规划相符合，实际上是按照城市规划法规对其进行审查。市政府通常会有多种土地利用规划，有针对建成区的，也有针对农村地区的。土地利用规划可以用于不同的规划目的：推动土地利用改变（例如城市扩张），或者是巩固现有的区域（例如自然保护区或者已经建成的住宅区）。

简单来说，土地利用规划明确了能够建造什么，可以在哪里建造，以及适用哪类法规（例如限高等）。这主要通过一张展现土地利用目的（objectives，荷兰语：bestemmingen）的地图来实现。土地利用目的表明了允许的土地利用类型。土地利用的目的包括居住用地、工业用地或者农业用地等用途。除了土地利用的目的，这一地图还包含了其他城市规划的方式，比如建筑红线（building lines，荷兰语：rooilijnen）或者风景线（vistas，荷兰语：zichtassen）。土地利用规划还包含了开发的相关指导意见（development instructions，荷兰语：bebouwingsvoorschriften），例如建筑高度或者最大的建筑容量等。一项（详细的）土地利用规划甚至会包含允许建设的屋顶形状，例如规定不允许建设平坦的屋顶。

鉴于土地利用规划是规划和开发法律的一项非常重要的工具，我们将在第 4 章中进一步阐述。

《环境许可（一般规定）法》第 2.10 条第 1 款 c 项的规定旨在防止从空间开发角度看不适合建造的项目的落地。但是，相反的情况也是有可能出现的：即某一项目是非常需要实现的，但其与现行的土地利用规划不相符合。市政府非常欢迎某项建筑项目，但是由于之前没有预见到该项目，因此并没有将其包括在现有土地利用规划当中，这种情况在实践中并不罕见。根据法律，这种情况下，环境许可证是必须被驳回的。为了避免这种情况发生，市政府需要制定一个新的土地利用规划（或者需要授权一个偏离原有土地利用规划的环境许可证，详见第 4 章）。这个新的土地利用规划可以是与期望的建设项目的位置完全相契合的一个"迷你"土地利用规划。

在一些地区，管理条例（management regulation，荷兰语：beheersverordening）比土地利用规划更为有效。管理条例主要适用于那些不会预期有新的空间开发的地区。其目的是为了长久保护该地区。《环境许可（一般规定）法》第 2.10 条第 1 款 c 项也明确规定，如果建筑建设与当地管理条例相冲突，也必须驳回环境许可证申请。管理条例将在第 4 章进行详述。

3.6 有关建筑外观的政策文件

3.6.1 建筑外观的合理要求

第四项驳回环境许可证申请的理由是：建筑设计与建筑外观的合理要求相冲突（《环境许可（一般规定）法》第 2.10 条第 1 款 d 项）。因而，这项驳回的理由与建筑美学的相关法律规定有关。

关于建筑外观的规定可以视为在更加关注城市审美背景下的相关规定。这种规定并不是最近才有的现象。科肯（Kocken）的研究显示，目前对建筑美学的监督是一个长期发展形成的结果。在中世纪，道路周围的景观视野是建筑审美的核心，这意味着要道周围建筑所受的规定限制比后街小巷的更为严格。在对一处建筑的美学外观进行评估时，建筑高度是一个重要的评估标准，因为这会决定建筑的声誉。还有一些规定会涉及建筑材料的选择，例如板岩材料的屋顶会比颜色素净的砖片屋顶获得更多的补贴。❶

除了建筑美学的规定之外，还有很多其他涉及未开发土地和建筑物周围土地外观的规定。在这方面，有关场地隔墙（site partition）的规定值得一提。

　　"不管如何，对能否建设隔墙以及隔墙建设的规律性的中断和干预是非常扰民的。因此，居民们有义务通过设立特定高度的隔墙，以区分其私有的地块与公共地块和他人地块。"❷

正如上面描述的一样，有关建筑外观的法律规定有很长的历史，但这并不意味着它没有受到过挑战和质疑。由于能够减少政府规制，而且政府对建筑外观的限制很可能导致与初衷相悖的结果，因此曾有多次意欲废除这一规定的尝试。"政府对建筑外观的限制很可能会导致与初衷相悖的结果"这一论点是由著名建筑师卡勒·韦伯（Carel Webber）教授提出的。类似的诉求并未导致对建筑外观的评估被废止，但是现行法律已经允许市政府可以选择避免对建筑物进行建筑外观评估。作为一种类似于试点的形式，有几个城市的市政府已经选择了采取这种方式。而且现行法律提供了使某一市政府管辖范围内的特定地区或者某一特定类型的建筑不受建筑外观评估要求限制的可能性。

《住房法》（第 12a 条第 1 款）关于建筑外观的核心规定如下：

　　市议会关于建筑外观的政策文件至少包括市行政委员会在进行建筑外观评估时适用的标准的政策规定：

　　a. 申请环境许可证的项目，其建筑外观及坐落位置需要考虑周围环境，这可能会与合理外观要求有一定的冲突。

该条款表明，建筑外观的评估不仅仅是关于建筑本身，该建筑物与它周边建筑的关系同样是评估过程的一部分。因此，即便一处建筑自身的设计能够符合评

---

❶　E. H. A. Kocken. *Van bouwen, breken en branden in de lage landen. Oorsprong en ontwikkeling van het middeleeuwa stetdelijk bouwrecht tussen* ± 1200 *en* ± 1550. *Een terreinverkennend onderzoek.* Deventer（Kluwer），2004. p. 90.

❷　Kocken（2004）. p. 91.

估要求，当它与周边现有（或者预期）建筑的设计相结合考虑时，就不一定符合评估要求了。因此，关于建筑外观要求方面的评估（也可以说是建筑美学评价）不仅涉及诸如重量、结构、大小规模、规格、材料选择，以及色彩组合等建筑方面，还涉及诸如与现有建筑的特征有关的申请建设建筑的可接受性、公共空间、城市景观、城市环境等因素。

建筑师们常常抱怨建筑美学评价中材料标准相关规定的缺失，这主要指的是在 2003 年之前❶，《住房法》中关于建筑外观的内在标准的制定一直都不是强制性的。因此，建筑师们很难预测他们的设计在建设外观评估中会被如何评判，从而导致挫折感，以及时间、金钱和精力的低效利用。

但这一情况随着 2003 年 1 月 1 日新修订的《住房法》的通过而终结。自此，该法第 12a 条明确了市议会设立关于建筑外观（external apperance，荷兰语：welstandsnota）政策文件的义务，政策文件阐述了市行政委员会在评估中适用的标准。该标准"可以适用于尽可能多的不同类型的建筑"，此外，"可以根据场地位置的不同而有所区别"（第 12a 条第 3 款）。这意味着，标准会随着街区的不同而不同（每个街区有自己的建筑风格）。实践中，此类政策文件通常会区分一般性标准和具体地区性标准。前者提供了一个所有建筑申请都必须符合的框架，而后者则包括了一些对特定地区的额外规定，每个地区都有它们各自的特点。举例来说，一个一般性标准可以是，使用的建筑材料和颜色必须要与建筑的设计和周围环境的特征相协调。而一个具体地区性的标准可以是，某一具体地区的建筑物临街面需要由具有观赏性的砖石（ornamental masonry accents，荷兰语：siermetselwerk）以及陶瓷瓦屋顶构成。

每个市政府都有一个建筑外观委员会（External Appearance Committee，荷兰语：welstandscommissie）或者是城市建筑师（city's architect，荷兰语：stadsbouwmeester）负责对环境许可证申请中的建筑外观方面提出建议。❷ 除了有关建筑外观的政策文件规定之外，第 12b 条还规定了建筑外观委员会（或者是城市建筑师）必须对其提出的建议向市行政委员会充分说明理由。"来自建筑外观委员会或者城市建筑师说明的申请人的建设规划与对建筑的合理外观要求相冲突的建议，必须以书面形式发出并且对其理由做充分说明。"建筑外观委员会的会议都是对公众开放的。

---

❶ 虽然 1991 年《住房法》强制要求市政府在市政建筑法规中采用建筑美学标准，但很多市议会并没有这样做。参见：A. G. A. Nijmeijer. Ruim een eeuw welstandstoezicht. Een historisch – juridische beschouwing. In：A. G. Bregman，D. A. Lubach ed. *Van Wonen naar Bouwen*. 100 *jaar Woningwet*. Deventer（Kluwer），2001. p. 177.

❷ 并非所有的建筑设计都需要建筑外观委员会按照建筑外观标准进行审查。市长和市府参事可以规定一些特定的建筑设计类型，甚至是所有类型可以由市政公务人员按照标准进行审查。

有关建筑外观的法规是对外观设计评估主观性的批评所进行的一次反击。即便如此，市行政委员会也有可能偏离建筑外观委员会或者城市建筑师的建议。新的法律规定已经对有关建筑外观政策文件的制定做了规定，这些规定不仅涵盖新的开发项目，也涉及现存建筑的翻新。此外，规定中还加入了一些实际正反案例以供参考。

在实践和判例法中，建筑外观评估和土地利用规划之间的关系是经常被讨论的话题。问题在于，当一项建设符合土地利用规划的规定时，那么在何种程度上，相关的环境许可证的申请会由于建筑外观的原因被拒绝。为了回答这个问题，国务委员会行政司法部采取了以下原则：建筑外观的评估应当遵从目前土地利用规划所提供的建筑可能性。举例来说，如果土地利用规划允许某一地点的办公大楼最多能造 24 米高，则不得以建筑物高度为理由驳回环境许可证。

3.6.2　视觉质量规划

在城市规划中，除有关建筑外观的政策文件之外，我们还会经常碰到一项用于控制空间视觉质量的额外文件：视觉质量规划（the visual quality plan，荷兰语：het beeldkwaliteitsplan）。该规划提供了设计城市及乡村建设在建筑形式以及结构等方面的判断标准。视觉质量规划并不是在《环境许可（一般规定）法》第 2.10 条中提到的驳回环境许可证申请的理由之一。但是，我们应该关注视觉质量规划，因为（正如下文将要解释的）通过一定的法律渠道，该规划可以成为驳回环境许可证申请的一项理由。

视觉质量规划没有法律法规作为基础。实践中，我们可以看到该规划的不同形式（或者运用）。有时，它会被用作研究设计（research by design）的一种形式。❶ 视觉质量规划因而成为土地利用规划准备阶段研究的一部分。因此，它是先于土地利用规划的。

视觉质量规划的另一项应用是在建筑外观评估方面，这也是市政府的意向，即环境许可证的申请不仅要按照有关建筑外观的政策文件中的标准进行审查，同时也要考虑视觉质量规划中的标准。当政府认为单一的文件并不能涵盖所有的美学要求时，便会考虑视觉质量规划。考虑到视觉质量规划是一个法外规划，也就是说，因此它不具备法定基础，它不会立即对环境许可证的申请产生决定性影响。毕竟，《环境许可（一般规定）法》（第 2.10 条）明确地将建筑外观的政策文件指定为审查环境许可证申请时必须参考的文件。为了达到想要的效果，视觉质量规划必须被市议会采用，并得到"政策规定（policy regulation，荷兰语：beleidsregels）"的法律地位。如果外观政策文件借鉴了某一特定地区的视觉质量规

---

❶　对于术语"研究设计（research by design）"和"设计研究（design research）"的解释，参见：J. Heeling, H. Meyer, J. Westrik. *Het ontwerp van de stadsplattegrond*. Amsterdam（SUN）, 2002. p.171。

划的内容，那么视觉质量规划就能够作为环境许可证申请的审查理由之一。●

通过这种方式，视觉质量规划能够作为外观政策文件的一项补充或者修正。下面的案例能够解释此处补充和修正的含义。

案例 1

假定某一市政府范围内有一块特定的"开发区"，该地区的建筑外观标准还没有制定。针对这个地区就可以制定一个独立的视觉质量规划。如果市议会采用了这项规划，并以此将其作为外观政策文件的一项补充，那么它将形成审查环境许可证申请的基础。

案例 2

这个案例涉及对外观政策文件的一项修正。假设现在市区内有一块受外观政策文件控制的"城市再开发地区"，为了对其进行重新建设，市政府想要偏离该外观政策文件，并采用特别的建筑和城市规划法规。针对此再开发区域，可以制定一项视觉质量规划，而且如果该规划被市议会采用，并因此被视为对外观政策文件的一项修正，那么它也能够形成审查环境许可证申请的基础。

内梅尔（Nijmeijer）曾客观地指出，不应该仅将建筑质量规划中建筑物的视觉表现作为"审美的证据（aesthetic–proof）"（或者说是审美的标准）●。换句话说，不应该让视觉质量规划的设计变量（design variant）成为建筑外观评估的唯一依据。毕竟，《住房法》第 12a 条提到的是建筑外观的"合理"要求。这与只参考视觉质量规划的设计变量是相矛盾的。

3.7 场地开发规划：回收基础设施建设成本的开发捐赠

第五项驳回环境许可证申请的理由是：建筑结构的设计与场地开发规划

● 还有另外一种方式可以实现按照视觉质量规划中的标准对环境许可证的申请进行审查，如果视觉质量规划已经被整合进土地利用规划当中，那么可以直接据此对申请进行审查。但是，如果视觉质量规划仅仅是作为土地利用规划的注释部分就行不通了，因为注释部分缺乏法律效力。参见：Afdeling bestuursrechtspraak Raad van State，5 juni 2002，no. 200103244/1，ECLI：NL：RVS：2002：AE3640（Beeldkwaliteitsplan Bernheeze），*Bouwrecht*，December 2002，p. 1038，由 A. G. A. 内梅尔（A. G. A. Nijmeijer）评注。在实践中，看起来这种为了达到根据视觉质量规划对环境许可证申请进行审查的效果的方式，不如本节中提到的将视觉质量规划作为外观政策文件的一项补充或者是修正的方式运用得普遍。

● A. G. A. Nijmeijer. Ruim een eeuw welstandstoezicht. Een historisch–juridische beschouwing. In：A. G. Bregman，D. A. Lubach ed. *Van Wonen naar Bouwen*. 100 *jaar Woningwet*. Deventer（Kluwer），2001.

（site development plan，荷兰语：exploitatieplan）相冲突（《环境许可（一般规定）法》第 2.10 条第 1 款 c 项）。

《空间规划法》坚持的原则是：用于土地开发的特定市政服务和公共（基础）设施建设的成本（除了其他成本）必须从那些市政服务的受益者身上收回。❶ 这些设施包括公共市政道路、下水道、桥梁、公共停车场、广场、公园、公共照明、街道设施、公共艺术品及自行车道等。❷ 实践中，从这些市政服务获益的对象就是开发商。他们被要求以"开发捐赠（development contributions）"的形式承担这些市政服务和设施建设的成本。通过（一个）市政府和一个（或者多个）开发商直接签订的合伙协议（partnership agreement），政府可以实现从开发商手中收回市政服务成本的法律诉求。也就是说，该协议规定了开发商将要支付给市政府的金额。

然而，这样一项私法协议的缔结需要在地方政府和私人开发商之间达成共识。但有时两者难以达成任何共识。当然，主要原因是双方对开发商为了换取市政府的市政服务和公共设施所应支付的金额无法达成共识。在无法达成私法协议的情况下，《空间规划法》要求市政部门通过公法的手段收回成本。场地开发规划就在这里登场了。在缺少私法协议的情况下，市政府必须制定一项场地开发规划（《空间规划法》第 6.12 条）。市议会将会在采纳该地区的土地利用规划的同时，一并采纳该场地开发规划（《空间规划法》第 6.12 条第 4 款）。

根据《空间规划法》第 6.13 条第 1 款的规定，场地开发规划包括：

——被开发区域的地图。

——整理土地以备开发建设、安装设施，以及规划当地的公共空间所需要进行的工作和活动的描述。

——开发预算（development budget，荷兰语：exploitatieopzet）。实质上，这是对土地开发所需的成本和收益进行的预估。

——关于收回的成本将如何在被出售的不同地块之间进行分配的描述。

——在必要时，对所需工作、活动、措施，以及修建计划的实施情况制定时间表（阶段安排），以及（有必要的话）说明它们之间的关联。

上述所列示的场地开发规划的组成部分也可以成为驳回环境许可证申请的几项理由。比如，如果建设规划与场地开发规划中确定的活动时间表（阶段安排）相冲突的话，许可证必须被驳回。

---

❶ 市政成本的"回收（recovery）"与"收回（recoup）"市政成本同义。

❷ 不同的国家对于此类公共设施的市政成本的收回采取的方法各异。对一项包含比利时（佛兰德省）、法国、德国、荷兰、英国等国的国际比较研究，参见：F. A. M. Hobma. *Internationale vergelijking financiering en kostenverbaal bij organische gebiedsontwikkeling*. Delft（Faculteit Bouwkunde），2014。

假如开发商的建设规划与场地开发规划并不冲突，那么该地区的市政服务的成本（公共道路、下水道等）要如何从开发商手里收回呢？《空间规划法》第 6.17 条第 1 款回答了这个问题：

> 充分考虑到场地开发规划，市行政委员会应该在决定颁发建筑项目环境许可证时，附加许可证持有者应向市政府支付开发捐赠的义务这一条件（……），这样可以收回位于开发区域内的土地开发成本（……）。

如果事实证明许可证持有者没有履行这项义务，也就是说，他没有向市行政机构支付所欠的金额，那么他可能会收到几项措施的惩罚。《空间规划法》第 6.21 条对此做了列举：

1）市行政委员会可以做出决定，除非履行支付义务，否则建设工程不能开始或者不能继续推进。

2）市行政委员会可以通过强制执行命令（enforcement order，荷兰语：dwangbevel）要求支付欠款。

3）市行政委员会可以撤回环境许可证。

除了上面提到的两种收回成本的方法（协议和场地开发规划），还有第三种方法。该方法是市政府出售已经整理完毕可以进行建设的土地（sale of land that has been prepared for construction）（也称作已经具备开发条件的土地，serviced land）。如果市政府出售已经整理完毕可以进行建设的土地（land prepared for construction，荷兰语：bouwrijpe grond），就意味着政府已经为了该地的利益，支付了很多公共设施的成本。这些成本包括修建下水道系统、公共照明服务、公共道路，以及前文提到的各种其他设施的成本。显而易见，出售给开发者的土地价格包括了市政府对上述设施付出的成本。

第 **4** 章　法定空间规划

4.1　引言

本章将以土地利用规划为重点，对法定空间规划进行讨论。地方土地利用规划是《空间规划法》中规定的规划之一。新修正的《空间规划法》于 2008 年 7 月 1 日开始生效。事实上，无论是从法律还是实践的角度来看，土地利用规划都是《空间规划法》中最重要的规划。由于地方土地利用规划对规划和开发而言是最重要的规划，我们之后会把讨论的重点放在这个规划上。❶ 因此，本章仅简短地阐述其他各级政府（各省和国家政府）的规划和其他法律手段。

土地利用规划非常重要，是因为它可以被视为空间设计的法律"转化"（在市域的部分范围内）。也就是说，土地利用规划为空间设计赋予了法律意义。❷ 将空间设计赋予法律意义是非常重要的，因为"设计"本身并没有法律上的含义。人们没有义务去遵循一项空间设计。然而，《空间规划法》中所规定的土地利用规划形式的空间设计，则确确实实具有法律意义。土地利用规划是一项具有法律约束力的规划。❸ 它决定了何种土地用途是被允许的，所以公民、企业和政府都受其约束。它同样决定了人们可以在土地上建造什么。因此，将空间设计转化为《空间规划法》中规定的空间规划，促进了对空间设计的执行。

4.2　将空间设计转化为土地利用规划的法律依据

为了进一步探究将空间设计转化为土地利用规划的依据，我们将以总体规划（master plans）作为空间设计的例子进行介绍。如前所述，空间设计有许多不同的种类，而总体规划就是其中之一。因此，对于总体规划的分析介绍，也适用于

---

❶ 各个国家用以规范地方土地利用的法律手段不尽相同。荷兰借助城市土地利用规划来规范土地利用。其他一些国家或地区借助市政土地利用法规来规范土地利用。它们的法律效果是相同的：都可以禁止或者规制，以及控制土地和建筑物的利用和开发。

❷ 本书将"空间设计（spatial designs）"一词作为各种空间和土木工程设计类型的统称，其中包括城市设计和总体规划。

❸ 许多国家都有等同于荷兰的土地利用规划（荷兰语：bestemmingsplan）的法律手段，例如德国的发展规划（德语：Bebauungsplan）和英国的地方发展规划（英语：local development plan）。

其他类型的空间设计。

总体规划在城市（再）开发的实际操作中起着重要作用。从法律角度来看，总体规划本身不具有法律效力。它并不会产生任何法律后果，也就是说，人们没有遵守总体规划的义务。当然，人们自愿服从也是有可能的。总体规划缺乏法律效力的事实，意味着它本身无法阻止私人土地所有者建造与总体规划相冲突的建筑物。这也同样适用于市级城市开发部门（the Municipal Urban Development Department）或者受市政当局委托的私人咨询机构编制的总体规划。即使市议会在会议上批准通过了这样一个总体规划，它也不具备任何法律效力。总体规划是没有法律依据的。也就是说，荷兰没有适用于总体规划的法律。法学家们因此称其为"法外的（extra – legal）"的规划概念。荷兰的总体规划是政策文件，而非法定规划。

虽然总体规划本身不具有法律效力，但这里必须说明两点：

第一，依据行政法，总体规划可以获得间接的法律效力，前提是必须符合《环境许可（一般规定）法》第2.12条第1款a项下第3点的规定，即总体规划可以作为"正当的空间规划理由"。根据该条规定，市行政委员会（the Municipal Executive）在实施某一项目时，可以偏离土地利用规划。《环境许可（一般规定）法》第2.12条第1款a项下第3点规定，在项目与土地利用规划相冲突（即偏离了土地利用规划）情况下授予环境许可证时，必须有"正当的空间规划理由（proper spatial planning ground，荷兰语：een goede ruimtelijke onderbouwing）"可以支持此项目。总体规划可以通过提供正当的空间规划理由，获取间接法律效力。为了完成项目的建设，通过偏离土地利用规划的方式，仍然可以实现一个与（已过时的）土地利用规划相冲突的建设项目。本章将在后文中对偏离土地利用规划的情况进行讨论。

第二，总体规划可以在私法下拥有法律效力。如果有一个或多个协议（有时也称"契约"）被纳入总体规划中，就属于这种情况。在协议中，各方当事人都承诺会履行特定的义务。比如在一份意向书中，基于总体规划，公、私双方都同意对他们的合作关系进行详细阐述。换句话说，市政府和开发商会同时出现在某一地区的总体规划中，并同意根据总体规划，进一步研究双方在该地区的合作伙伴关系。例如，在协议中，他们可能会同意根据总体规划进行项目的可行性研究。

但是这两点都不能改变"根据行政法，总体规划没有直接法律效力"的事实。

然而可以预见，市政当局确实希望有一个（已获批准的）总体规划能在城市区域（再）开发过程中的特定时刻拥有法律效力。市政府相信，总体规划的制定能够强制引导私主体（和政府机构）的建设行为。更具体地说，是为了禁止建造不符合总体规划的建筑物。然而，总体规划本身是不具有法律效力的。

总体规划缺乏法律效力这一事实涉及法律原则的一个重要支柱，那就是合法性原则。第 1 章中已经对这一原则进行了解释。简而言之，它意味着除了人民代表机构（议会）通过的、平等适用于所有人的法律中规定的限制以外，对公民的自由不得施加任何限制。在（再）开发情况下，这一原则意味着：除非有法律规定，否则不能禁止任何人以自己的方式在自己的土地上进行建造活动。

实际上，这样的一个法律，即荷兰的《空间规划法》是存在并有效的。但是，该法并未将总体规划作为一个可以强制引导私人建设行为的概念，而是将法定的土地利用规划作为一个具有法律强制力的概念。因此，《空间规划法》将综合性的法规与土地利用规划的实现过程结合了起来。正是由于土地利用规划可以禁止土地所有者自作主张地进行建设，土地利用规划的制定程序中才出现了公众参与的内容，以及对土地所有者和其他利害关系人提供的听取意见（views，荷兰语：zienswijzen）和申诉的机会。

我们现在可以明确总体规划和土地利用规划之间的关系了。总体规划若想获得法律效力，就必须被"转换"为土地利用规划。这说明，两者的顺序通常是先制定总体规划，再制定土地利用规划。将总体规划"转换"为土地利用规划有两个要求：

第一，总体规划必须符合土地利用规划的技术规定。这意味着，总体规划中必须有一张具有当地清晰边界的土地利用地图。另外，必须制定规划条例（planning regulations，荷兰语：planvoorschriften），并通过注解（explanatory notes，荷兰语：plantoelichting）来进一步提供有关规划的相关信息。这一要求与土地利用规划的"结果"有关。

第二，必须遵守制定土地利用规划的程序。这一程序（包括土地利用规划编制中的公众参与等）在《空间规划法》中有规定。这一要求与土地利用规划的"过程"有关。

如果总体规划的制定采用了土地利用规划的形式（通过遵守土地利用规划的技术性规定），且遵循了土地利用规划的制定程序，那么它将会拥有市政当局所乐见的法律效果。下一节将简要阐释其法律效果。

4.3　土地利用规划的法律约束力

土地利用规划是一项对公民、企业和政府本身具有法律约束力的规划。本节列出了其三种法律约束效力。

（1）驳回许可证申请的理由

有一项法律约束力非常重要，它来源于土地利用规划和环境许可证（environmental permit，荷兰语：omgevingsvergunning）之间的联系。《环境许可（一般规定）法》第 2.10 条第 1 款 c 项规定，如果一个建筑计划与土地利用规划相冲突，那么它将无法获得环境许可证。这是为了防止人们建造不符合土地利用规划的建筑物。公民、企业和政府的建筑计划都需（由市行政委员会）进行审查，看是否符合当地适用的土地利用规划。土地利用规划的这种法律效力具体是指政府的回应型权力：即政府（此处是指地方政府）对私营部门的开发措施（主要是指建筑活动）所做出的回应。

（2）对土地和建筑物用途的规制

土地利用规划的第二个法律约束力涉及土地及其上建筑物的用途。《空间规划法》第 3.1 条第 1 款规定：

> 市议会应当制定一个或多个覆盖全部市域范围的地方土地利用规划，其中，为了满足空间规划的合理性，应当明确土地利用规划中涵盖的土地用途，并制定适用于该用途的规定。在任何情况下，这些规定都须考虑土地及其上所有建筑物的用途。

土地和建筑物的用途不得与这些规定相冲突。例如，如果土地利用规划指定了一块用于住宅用途的土地，其上房屋就不得用于商品销售等商业活动。

（3）征收的基础

土地利用规划的第三个法律约束力与征收有关。荷兰《征收法》规定，征收是基于土地利用规划的一种选择。在土地被征收的情况下，不动产所有权和可能存在的受限制的使用权（limited user's rights，荷兰语：beperkte zakelijke rechten），如土地租赁权（ground lease，荷兰语：erfpacht）将被转移给市政府。因此，土地利用规划就有了实现的可能，即使这会违背土地所有者的意愿。土地利用规划的这一法律意义，具体指的是政府的主动型权力，也就是政府（此处指地方政府）主动开发土地的权力。

上述三种土地利用规划的法律约束力，意味着地方政府在城市规划领域拥有相当大的权力。但是，土地所有者并没有制定土地利用规划的义务。市议会制定的土地利用规划，并不能确保将预期的城市开发项目全部实现。土地所有者没有实施土地利用规划的义务，也就是说，他们没有义务实现自己的土地上的规划指定的土地利用目的。他们没有义务去申请环境许可证来实现土地利用规划。

这意味着，通过环境许可证申请的方式，土地利用规划可以防止建筑物的建设与土地利用规划相冲突。然而，如上所述，土地所有者并没有义务去主动地实现土地利用规划的目的。正是由于这个原因，（地方）政府有时需要成为土地所有者，以实现土地利用规划的目的（高速公路建设、城市开发，以及再开发等）。政府可以通过协商的方式（自愿购买协议）或非自愿的方式（征收）成为土地的所有者。

4.4 土地利用规划制定程序的特点

土地利用规划的制定程序是《空间规划法》所有规划制定程序中最全面的。这是因为土地利用规划对公民、组织和政府具有（如上文所述）直接的法律约束力。

基于这些原因，土地利用规划的制定程序具有三个重要特征：

（1）民主合法性（democratic legitimization）

土地利用规划由市议会（是在市域范围内人们直接选举出来的代表）制定这一形式，使其制定程序具有民主合法性的特征。这是《空间规划法》第 3.1 条第 1 款规定的。从而，这也民主地确定了该规划是为公共利益服务的。

法律赋予市议会制定土地利用规划的权力，意味着土地利用规划的决策过程也是一个政治过程。的确，市议会是由直接选举出来的各政党代表组成。因此，土地利用规划将反映出他们对于现代城乡治理问题的政治抱负。这些问题包括但不限于：低收入人群的住房保障、通过投资和经济发展创造就业机会、预防混乱且不可持续的城市扩张、减少污染、汽车交通的限制，以及防止犯罪和暴力行为。由于其具有法律约束力，认真制定的土地利用规划是帮助解决这些社会问题潜在的有力工具。

（2）影响规划内容

受规划影响的公民或组织有影响规划内容的法律上的可能性，其中包括：

——公民和社会组织可以参与土地利用规划的制定（《空间规划法令》第 3.1.6 条）。

——就土地利用规划草案提出意见。《空间规划法》第 3.8 条第 1 款 d 项规定："任何人都可以向市议会表达他们对规划草案的意见。"

——利害关系人有权对市议会通过的土地利用规划提起诉讼（lodge appeal，荷兰语：beroep instellen）。这是《行政法通则》所授予的权利。

（3）独立的行政法官

在利害关系人与市政府发生冲突的情况下，土地利用规划的制定程序允许由独立的行政法官进行最终的司法裁决。这是指之前提到的提起诉讼的权利。其中一个重要的特征是，对土地利用规划的反对意见最终一锤定音的，不是某个行政机构或政治家，而是独立的行政法官，即国务委员会行政司法部。

实证研究表明，土地利用规划的制定程序平均耗时 20 周。这还不包括初步调研所需的时间（例如对土壤质量等环境问题的研究），以及向国务委员会提起诉讼可能消耗的时间。

4.5 土地利用规划的功能

土地利用规划被视为是空间规划中一个普遍适用的法律工具。不管是在大城市还是小城市，大规模地区还是小规模地区，现存区域还是新开发区域，中心城市还是农村地区，总之在上述所有情况下，土地利用规划都是适用的。根据《空间规划法》第3.1条第1款的规定，土地利用规划必须覆盖市域范围内的全部领土。

土地利用规划最重要的功能有：

——防止（prevention）。土地利用规划可以防止规划区域范围内不良的空间开发。这种预防是通过驳回环境许可证申请得以实现的。政府必须驳回与土地利用规划相冲突的环境许可证的申请（《环境许可（一般规定）法》第2.10条第1款 c 项）。通过这种方式，土地利用规划成为防止私人活动干预土地利用规划所保护的公共利益的重要工具。

——指导（guidance）。土地利用规划可以指导期望的空间开发项目。这是通过在土地利用规划中融入各种城市设计规定来实现的。例如：必须遵循的建筑视线、允许的最大建筑高度、允许的最大建筑重量、公共空间标示、最大容积率，等等。

——提供确定性（offering certainty）。土地利用规划为土地所有者提供了确定性。它为土地及其上可能存在的建筑物的所有者提供了在所有权限制方面的确定性。这些限制规定了土地及其上建筑物只能按照土地利用规划中所规定的用途使用。这显然意味着对所有权的限制。同时，它也为土地所有者提供了确定性，由于地方政府不能轻易改变土地利用规划，也因此对所有权的限制也不容易发生改变。

4.6 土地利用目的

4.6.1 土地利用目的的意图

根据《空间规划法》第3.1条第1款，土地利用规划的内容首先是由土地利用目的（land-use objectives，荷兰语：bestemmingen）组成的。❶ 土地利用的目

---

❶ "土地利用目的（land-use objectives）"等同于"土地利用指定（land-use designations）"。

的界定了土地的"用途（the purpose or purposes）"（《空间规划法令》第3.1.3条）。

土地利用的目的从广义上来说不过是一种指示，它表明了土地的用途，如住宅用地、农用地、交通用地和工业用地等。而且，土地利用目的也完全有可能被表述得更为详细，例如幼儿园、车库或者花园等。

土地利用目的是"规范性"的，它表明了期望的土地利用。因此，土地利用目的可能不同于现行的（由土地及其上建筑物的所有者进行的）土地利用。在确定土地利用目的时，原则上，市政府可以在不考虑土地所有权和实际情况的前提下采取行动。❶ 也就是说，政府可以不考虑土地所有者目前的土地利用情况，直接指定土地利用的目的。因此，土地所有权和土地利用现状并不能左右土地利用目的的确定。不过，如果新的土地利用目的与土地利用现状不符，市政府很有可能会被要求支付规划赔偿（planning compensation，荷兰语：tegemoetkoming in schade）。例如，如果一个新的土地利用规划限制了土地上现有业务的扩张可能性，而原有的土地利用规划却有可能使这项业务扩张，那么该业务公司有权向政府要求规划赔偿（见第2章）。

此外，如果新的土地利用目的确实与土地利用现状不符，土地使用者也没有义务立即停止与新的土地利用目的相冲突的活动。

案例

假设有一块土地过去的用途是"农用地"，而且确实现在正被农民使用。进一步假设，新的土地利用规划将这片土地规划为"住宅用地"。但这并不意味着农民必须马上停止耕作。

其理由如下所述。每一个土地利用规划都有所谓的过渡性条款（transitional provisions，荷兰语：overgangsbepalingen）。过渡性条款能够保护与新的土地利用规划相冲突的现行的土地利用。根据过渡性条款的规定，可以暂时维持与新的土地利用目的相冲突的现行的土地利用。

4.6.2　与现行土地利用相冲突的新土地利用目的的实现

根据土地利用规划的过渡性条款，与土地利用目的冲突的现行的土地利用仍可以继续维持。然而，从两方面来看，这并不能保护土地使用者免受（未来的）限制。让我们用上一节中的同一个有关农民的案例来说明这一点。

1）如果农民提出建造一个新谷仓的环境许可证的申请，那么这一申请将被

---

❶ 不过，市政府必须证明，新的土地利用目的（在经济上）是可行的。

驳回。显然，该建设规划与规划中土地的"住宅用途"相矛盾。因此，过渡性条款实际上限制了与土地利用目的相冲突的土地的（未来）用途。

2）如果农民自己没有实现该土地"住宅用途"的目标（这是很有可能的），那么市政府可以要求他出售他的土地，这有助于市政府实现该住宅区的建设。根据《征收法》，如果农民拒绝出售自己的土地，政府可以基于土地利用规划征收土地。

4.7　土地利用规划图、说明和注解

土地利用规划分为三部分：①土地利用规划图（the land‐use plan map，荷兰语：bestemmingsplankaart）；②具备法律约束力的规划说明（instructions，荷兰语：planvoorschriften）；③不具备法律约束力的注解（explanatory notes，荷兰语：plantoelichting）。政府会对提交上来的环境许可证申请进行审查，看它们是否符合现行土地利用规划中具有法律约束力部分的规定。

4.7.1　规划图

规划图以绘制的形式表达了空间设计的法律约束力。此外，必须认识到，规划图不仅仅为我们提供了关于空间功能分配的信息（以土地利用目的的形式表明了在什么地方可以进行什么建设），还包含了有关诸如建筑视线（sight‐lines）或风景线（vistas）、建筑红线（building lines，荷兰语：rooilijnen）等空间建设质量的信息。

例如，在土地用途普遍为"住宅"的地区，规划图通常以不同的颜色和平面对其进行标示。这通常意味着在这块土地上只能建造房屋及其附属建筑物（如棚屋）。土地利用规划图上还附有图例。图例是对规划图上所有土地利用目的和相关标示（indications，荷兰语：aanduidingen）的概览。标示是地图上的某个特定符号或记号，例如，标示最高建筑高度的符号。

4.7.2　土地利用规划说明

土地利用规划说明以书面的形式表达了空间设计的法律约束力。土地利用规划说明是对土地利用规划图上绘制出的土地利用目的所做出的书面补充。通常情况下，该说明会对建筑高度、建筑面积、建筑体积的规定范围、极值做出相应的规定。土地利用规划说明必须像土地利用规划图一样，表达出对空间建设质量的要求。

案例

第 5 条 低层住宅

1. 规划图上标示的低层住宅用地，只能用于房屋和附属道路、花园及庭院的建设。

2. 基于第 1 款的内容，低层住宅用地可以被用于建造符合以下特定要求的低层住宅、家庭生活所需的附属建筑物及可上锁车库：

a. 房屋排水沟的最大高度不得超过 6 米；

b. 房屋的最大表面积不得超过 100 平方米；

c. 家庭生活所需的附属建筑物及可上锁车库的最大高度不得超过 3.5 米。

4.7.3 土地利用规划注解

根据《空间规划法令》第 3.1.6 条规定，注解是土地利用规划的一部分。法令第 3.1.6 条第 a 项至 f 项规定的注解的主要内容包括（但不限于）：

——确定土地利用目的的依据。

——为制定土地利用规划所进行的各项调查的结果。例如：①环境调查，例如土地利用规划对空气质量产生的影响；②零售业规划调查；③交通状况调查。

——描述如何将当地水文状况与土地利用规划相结合。

有关土地利用规划规定的范围

相较其他许多国家，荷兰的土地利用规划拥有非常广泛和精确的土地利用规定。很多（其他）国家也拥有对地区开发具有法律意义的规划图。的确，这些规划图表指出了适用于某一特定土地利用类型的空间边界，但除此之外，提供的信息却非常有限。与荷兰不同，许多国家对建设规划申请的审查往往更具有"政策性质"，而并不针对具体的地点。这意味着，在这些国家，主要是根据建设规划是否符合某一特定地区的政策目标对其进行审查，例如某办公空间的面积是否符合开发规划。这种类型的规定在很大程度上并不针对具体的某个地块。而荷兰的土地利用规划规定则直接针对的是具体地块，并且会在土地利用规划说明中得到进一步肯定。类似荷兰这种精确的土地利用规划规定，在其他国家十分罕见。❶

---

❶ 对英国和荷兰的土地利用规定的一个初步比较，可参见：F. A. M. Hobma, W. C. T. F. de Zeeuw. De nieuwe Engelse wetgeving voor de ruimtelijke ordening en haar toepassing bij gebiedsontwikkeling. *Tijdschrift voor Bouwrecht*, 2009. p. 893。

4.8 法律保护

4.8.1 法律地位

与其他一些欧洲国家相比，荷兰规定的在空间规划和环境问题上诉诸法院的权利是比较广泛的。❶ 此外，与欧洲许多其他国家相比，荷兰的公民和非政府组织（如环境特殊利益团体）会更为频繁地行使这一权利。而且，在荷兰，起诉政府的成本也相对较低。总而言之，上述原因促使许多公民和非政府组织会对政府的决策提起诉讼。❷

"利害关系人（Interested parties，荷兰语：belanghebbenden）"在荷兰拥有法律地位（legal standing，荷兰语：locus standi）。对于土地利用规划中的分区决定，他们可以向国务委员会行政司法部提起诉讼。所以，公益诉讼（actio popularis）是不存在的。❸《行政法通则》对广义上的利害关系人的界定进行了描述。根据《行政法通则》第1章第2条的规定，利害关系人就是其利益直接受到某项决定影响的主体。这意味着，在每个具体的案例中，都必须进行利害关系人的确定。判例法中已经出现了相关的界定标准。无论是个人还是环境组织这样的特殊利益团体，只要他们可以被认定为利害关系人，就拥有了相应的法律地位。

一旦一方当事人有资格成为利害关系人，他能提出的诉讼理由就会受到局限。这是因为存在所谓的"保护规范理论（protective norm theory，荷兰语：relativiteitsvereiste）"。《行政法通则》第8章第69a条规定了这一理论的适用性。对保护规范理论的界定如下："只有当针对公法规定的违法行为除了旨在保护公共利益外，还旨在保护私人的利益时，对该公法规定的违反才会导致对私人主观权利的侵犯。"❹ 本质上，这意味着如果被违反的公法规定本身并无保护当事人（X）利益的意图，那么X就不能援引这一规定。判例法中的一个例子可以更清

---

❶ 根据Hennig Jäde的研究，德国受理土地利用规划复审申请的门槛也相对较低。H. Jäde. Controlling law implementation and the maintenance of plans under German law related to land use planning. *Construction Law Bulletin*, 4/2012. Publication of the Czech Construction Law Society。

❷ VROM-raad. *Brussels lof. Handreikingen voor ontwikkeling en implementatie van Europees recht en beleid*. Den Haag, 2008. p. 37 et seq（第37页及以下）.

❸ 公益诉讼是指每个人——不仅仅只有利害关系人——都有向法院起诉的权利。例如，对于政府批准某个工厂的环境许可证的决定，一个不受工厂污染物排放影响的人也可以为了公众的利益提起诉讼。

❹ 定义摘自文献：Relve. K. Standing of NGOs in relation to environmental matters in Estonia. *Juridica international*. X1/2006. p. 166 et seq（第166页及以下）.

晰地对保护规范理论进行说明。❶

案例

　　在起诉人 X 的居住地附近，有一块土地将被用于兴建房屋。为了实施这一建设项目，当地制定了新的土地利用规划。为了项目的顺利实施，市政府"决定设立一个更高的噪声标准（decision to set a higher noise standard，荷兰语：vaststellingsbesluit hogere waarden）"。这一决定意味着，这批新建房屋的住户可能会受到更严重的噪声困扰。

　　X 认为，该项目违反了《噪声控制法（The Noise Abatement Act，荷兰语：Wet geluidhinder)》。为此他提出（但不限于），市政当局忽略了对减少噪声的措施的有效性检查。

　　国务委员会行政司法部调查发现，X 确实居住在该项目地附近。但他既不打算住进这批新建的房屋中，也不是将被设置更高噪声标准的房屋的所有者之一。此外，按照土地利用规划，当地也不会建造可能导致 X 受到噪声困扰的新道路。

　　行政司法部裁定，《噪声控制法》中的规定并没有保护 X 的意图。因此 X 不能援引此规则。所以，市政府的这一决定不会因此判为无效。❷

实践中，人们正广泛地行使着对土地利用规划中的分区决定提起诉讼的权利。通常，国务委员会行政司法部需要 1 年左右的时间才能做出判决。❸ 在此期间，参与开发项目的各方，比如房地产开发商和市政府，都面临着开发的不确定性。由于这种不确定性，对待开发地区的金融投资也可能会被推迟。这会耽误该地区的发展过程。

注意：本节所描述的法律地位要求——也就是成为利害关系人的资格及对其可提出的诉讼理由的限制——不仅适用于对土地利用规划提起的诉讼，也适用于对环境许可证决定提起的诉讼。

4.8.2　提出异议的阶段

　　在荷兰法律中，可以在两个有时是三个阶段内，对土地利用规划中的分区决

---

❶　Afdeling bestuursrechtspraak Raad van State，30 November 2011，nr. 201011839/1/R3，ECLI：NL：RVS：2011：BU6355. Annotation by A. G. A. Nijmeijer in *Ars Aequi*，March 2012. p. 222.

❷　有人可能会说，X 站出来是为了保护这个住宅项目的未来居民免受更严重的噪音污染。但是保护规范理论不允许 X 这样做。即使可以断定这个项目真的违反了《噪声控制法》，但如果这一意见是由 X 提出的，市政府的决定就不会被裁定无效。

❸　《空间规划法》第 8.2 条第 2 款规定，国务委员会行政司法部对土地利用规划案件做出判决的期限为 1 年。

定提出异议。

（1）土地利用规划的前期起草阶段

市政府能够通过制定相应的地方法规（bye‐law，荷兰语：verordening），为土地利用规划的起草提供公共"参与（consultation，荷兰语：inspraak）"的可能性。这就是《市政法》第150条中提到的"公共咨询/参与地方法规"。然而，正如前文提到的，市政府也有不制定此类地方法规的自由。

（2）土地利用规划的起草阶段

当一个土地利用规划的草案制定完成并公开征求意见时，每个人都有权提出自己的"意见（bring forward views，荷兰语：zienswijzen indienen）"。这是由《空间规划法》第3.8条第1款d项规定的。这类"意见"通常都是反对的意见。

（3）土地利用规划阶段

一旦市议会通过了土地利用规划，利害关系方就有权向国务委员会行政司法部提起诉讼。《行政法通则》第8章第1条和第6条，以及附件2第2条对此做了规定。这里我们发现，在土地利用规划草案阶段和土地利用规划阶段拥有法律地位的当事人是存在区别的。在土地利用规划草案阶段中，"每个人"都可以对草案提出自己的意见。而在土地利用规划阶段，只有较小范围的"利害关系人"才有提起诉讼的权利。

4.8.3 司法审查的范围

对行政机关（即制定和通过土地利用规划的市议会）的决定是否符合现行法律的审查是由行政法官，即国务委员会行政司法部来进行的。这是对通过土地利用规划决定的"合法性（lawfulness，荷兰语：rechtmatigheid）"审查。合法性审查主要依据以下内容来进行：

1）"一般约束性法规（general binding regulations，荷兰语：algemeen verbindende voorschriften）"。这包括了法律、行政法规、欧洲法和国际条约。

2）所谓的不成文的"适当行政的一般原则（general principles of proper administration，荷兰语：algemene beginselen van behoorlijk bestuur）"，比如"平等对待原则（principle of equal treatment，荷兰语：gelijkheidsbeginsel）"，其含义是对于同样的案件，政府应该平等对待。❶

由此，行政司法部主要根据该决定的法律依据或价值对其进行审查。

行政法官无权对行政机关所做决策的正确性做出判断。因此，法官不能对行

---

❶ 除了不成文的适当行政一般原则，荷兰法律中还有成文的适当行政一般原则，例如《行政法通则》第3：2条规定的"谨慎原则（principle of due care，荷兰语：zorgvuldigheidsbeginsel）"。这些成文的适当行政一般原则属于"一般约束性法规"的范围。

政机关所做决定的政治、经济或者财政方面的质量进行审查。然而，"合法性"也意味着行政机构在做出决定之前必须进行"适当的利益权衡（proper weighing of interests，荷兰语：behoorlijke belangenafweging）"。这是由《行政法通则》第3.4条第1款规定的。因此，行政机关必须仔细权衡各方利益。此外，《行政法通则》第3.4条第2款也规定，一个行政决定对一方或更多当事人所造成的消极影响，不应与行政决定期望达成的目标不相符。总而言之，这意味着合法性审查也是一种对政策方面的审查，尽管它还算是一种很保守的（"边缘性"）审查。❶

4.8.4　判决

根据《行政法通则》第8.2.6节的规定，可能会有以下几种判决结果：

如果起诉被认定是毫无根据的（unfounded，荷兰语：ongegrond），那么它将被拒绝受理（dismissed）。

如果起诉理由被认定为（部分或者全部）充分，那么被诉的行政决定必须被（部分或全部）裁决为无效（nullified）。这种情况下，存在几种不同的可能性：

——法院裁定行政机关做出一项新的决定。

——法院决定以自己的判决取代被判无效的（部分）行政决定。这只有在原决定被判定无效后，市政府实际上已经不能自由去采取除法院判决以外之新决定的情况下，法院这种判决才是合适的。

——如果法院认定起诉的理由非常充分，并判定行政决定无效，尽管该行政决定已经（部分或者全部）无效了，但法院仍然可以判决保持原法律后果的完整性（the legal consequences stay intact，荷兰语：rechtsgevolgen in stand blijven）。然而，这种情况是很罕见的。

举个例子：市政府错误地授予了一个环境许可证（根据原先的法律判断），但随后（当该错误授予的许可证进入法律诉讼程序时），用于评估该许可证申请的法律规定发生改变（立法变化）。如果适用新的法律规定对该错误授予的许可证进行评估的话，其应当是可以被合法授予的。此时，法院会判决原错误授予许可证的决定是无效的，但同时会保留原决定的法律效果的完整性，也就是说，原错误授予的许可证仍然是有效的。❷

4.9　偏离土地利用规划

已经生效的土地利用规划可以引导空间开发数年。然而，空间发展是动态

---

❶　F. C. M. A. Michiels. *Hoofdzaken van het bestuursrecht*. Deventer（Kluwer），2006. p. 173.

❷　E. Alders. *Omgevingsrechtlpubliekrecht voor de vastgoedsector*. Sdu Uitgevers. Den Haag, 2015. p. 87.

的。这就是为什么有时市政府非常欢迎一个建设项目，但因为这一项目和现行的土地利用规划相冲突，所以他们无法授予该项目环境许可证。换言之：现行的土地利用规划不允许建设这一项目。这种情况一般发生在一个土地利用规划生效并实施多年以后。

当市政府面临一个（与现行土地利用规划不符合的）大型的建设项目时，理所当然地，他们会想制定一个新的土地利用规划。不过，除了制定新的土地利用规划之外，还有另外一种替代方法可以解决这一问题。这种替代方法被称为偏离土地利用规划（deviation from a land – use plan，荷兰语：afwijken van een bestemmingsplan）。实践中，这种替代方法经常被使用。这意味着市政府授予了某项目环境许可证，以偏离现行的土地利用规划。因此，对土地利用规划的偏离是通过环境许可证的授予发生的。这并不是一个建设项目的环境许可证，而是一个偏离土地利用规划的环境许可证。用法律术语来说就是，"对与土地利用规划相冲突的土地的利用或建设项目授予环境许可证"（《环境许可（一般规定）法》第2.1条第1款c项）。

除了第2.1条第1款c项的规定之外，《环境许可（一般规定）法》第2.12条还规定了偏离土地利用规划的要求：

1. 在申请涉及第2.1条第1款c项所述的建设活动时，只有在活动不与适当的空间规划相冲突，而且符合以下要求的情况下，才可授予环境许可证。

a. 若建设活动与土地利用规划相冲突（……）：

1.（……）

2.（……）

3. 若该决定有正当的空间理由支持。

这意味着，如果预期的建设项目与土地利用规划相冲突，偏离土地利用规划的环境许可证只能在建设活动不与适当的空间规划（proper spatial planning，荷兰语：geode ruimtelijke ordening）相冲突的情况下，才能被授予，而且这一决定必须有正当的空间理由（proper spatial grounds，荷兰语：geode ruimtelijke onderbouwing）的支持。所以，偏离土地利用规划并不那么简单，而是需要获得正当空间理由的支持。否则，各种各样"偶然的"建设项目会破坏土地利用规划的一致性。

市行政委员会有权决定是否可以偏离土地利用规划。不过这是有条件的，市议会必须对此发布一个"无异议声明（declaration of no objection，荷兰语：verklaring van geen bedenkingen）"（《环境许可法令》第6.5条）。这很好理解，因为市议会是批准通过土地利用规划的主管机关。因此，对土地利用规划的偏离必须获得市议会的批准，是很合乎逻辑的。如果市议会没有发布无异议声明，那么市行政委员会必须驳回偏离土地利用规划的环境许可证申请。

土地利用规划的偏离需要遵循特定的程序。其适用的程序就是第 3 章第 3.2.4 节中提到的延长的准备程序。和制定新土地利用规划的程序一样，偏离土地利用规划的程序也包含了提交意见和提起诉讼的权利（见本章第 4.4 节）。

偏离土地利用规划的程序最长不得超过 26 周。这不包括进行初步调研需要的时间（比如对噪音危害等环境问题的调研），也不包括向国务委员会提起诉讼所需的时间。

4.10　管控与灵活性之间的矛盾

土地利用规划是具有法律约束力的空间规划管控。然而，对具体地区所实施的空间规划管控力度的把握，仍然是个问题。如果采取强有力的管控措施，通常当地就会制定一个详细的土地利用规划（a detailed land – use plan）。然而，这类规划的灵活性，也就是土地利用规划能够回应不断变化的形势的程度，是相当低的，进而导致对土地利用规划的过度修正（也就是说，需要为当地制定一个新的土地利用规划）或需要偏离现行的土地利用规划。

而一个不详细的土地利用规划（a non – detailed land – use plan），一方面会导致空间规划的管控力度不强；但另一方面，它适应新情况的能力则更强，也就无须不断修改土地利用规划。比如，在一个粗略的土地利用规划作用下，市政当局不需要修改土地利用规划，就可以在规划阶段内决定诸如提高建筑密度，或是调整计划建造的池塘或绿化设施的范围和位置等。

这个简短的解释实际上概述了规划管控与灵活性之间长久以来的矛盾点。目前，有很多方法可以解决土地利用规划中的这一矛盾问题，以下列举其中三种方法：

1）土地利用规划本身的规划说明中可以包含一个或多个偏离权（powers of deviation，荷兰语：afwijkingsbevoegdheden）。例如，这允许市行政委员会可以在规划所规定的界限范围内偏离有关建筑高度的规定。《空间规划法》第 3.6 条第 1 款 c 项为这一规定创造了法律框架。❶

2）提高灵活性的方法涉及修改权（power of alteration，荷兰语：wijzigings-bevoegdheid），可以在《空间规划法》第 3.6 条第 1 款 a 项下找到相关内容。根据该条规定，市行政委员会有权在规划允许的范围内修改土地利用规划。因此，土地利用规划本身决定了允许市行政委员会修改规划的范围，例如允许其将"公

---

❶　这种偏离权主要涉及的是小幅度的偏离。如果需要较大幅度地偏离土地利用规划，就需要遵循本章第 4.9 节中所述的程序。

共绿地区域"修改为"停车场",反之亦然。

3)土地利用规划中可以包含一项细化规划的义务（obligation to detail,荷兰语：uitwerkingsplicht）。如果市行政机关希望在一个粗略的土地利用规划（例如,在规划制定当时,对所期望的城市规划细节没有清晰的认识）实施阶段拥有更广泛的管控权力,他们通常会习惯性地制定一个"留待细化的规划（plan yet to be detailed,荷兰语：uit te werken plan）"（《空间规划法》第3.6条第1款b项）。这意味着土地利用规划是分阶段进行的,市议会首先会确定由一个或多个仍需进一步细化的土地利用目的组成的粗略的土地利用规划。为了这些土地利用目的的实现,政府通常会出台一个建筑禁令（building ban,荷兰语：bouwverbod）。只有在市议会随后起草出一份详细的规划（detailed plan,荷兰语：uitwerkingsplan）后,才会开始对环境许可证申请的处理程序。

4.11　项目实施决定

针对12座及以上住宅的建设项目,荷兰有一个专门的法律文书。这一文书被称为项目实施决定（project implementation decision,荷兰语：projectuitvoerings-besluit）。事实上,这一特殊法律文书不仅仅适用于住宅项目,它也适用于包括护理机构和医院等建设项目在内的"社会相关性项目（projects of societal relevance）"。项目实施决定由《危机与复苏法（The Crisis And Recovery Act,荷兰语：Crisis – en herstelwet）》进行了规定。该法于2010年生效,并包含了可以简化和加快政府在建筑和自然环境领域的决策,特别是有关城市开发项目和基础设施项目的决策的各种法律安排。项目实施决定就是这部法律中所提出的法律文书之一（《危机与复苏法》第2.9条及以下内容）。

项目实施决定的实质是,整个项目的实施只需要一个政府决定就足够了。项目实施决定由市议会做出。它取代了项目实施原本需要的各类许可证、（义务的）豁免,以及授权等。因此,一旦做出了项目实施决定,在实施项目时就还需要遵循常规的许可证申请程序,例如环境许可证的申请等。如果项目实施决定与现行的土地利用规划相冲突,该决定则被视为是对土地利用规划的偏离。

尽管整个项目的实施只需要一个政府的决定,但市议会在做出项目实施决定时仍会用到所有通常适用于该项目的评估框架（assessment frameworks,荷兰语：toetsingskaders）。举个例子,这意味着政府仍需根据《建筑法令》（作为评估框架之一）中的规定,对该建设项目的设计进行审查。

项目实施决定是一个非强制的法律文书。并不是所有12座及以上的住宅项目都必须使用该文书。市政府可以选择对此类建设项目使用正常的批准程序。这

意味着，需要数个，而不是单个政府决定才能通过该项目。在实践中，项目实施
决定很少被使用。

利害关系人对此也有提起诉讼的权利：他们可以针对政府的项目实施决定向
国务委员会行政司法部起诉。

4.12　管理条例

本章已在前文中解释过，土地利用规划可以适用于完全不同的规划用途，例
如用于住宅区域的开发或是自然保护区的管理。尽管如此，《空间规划法》第 3A
章针对地区的管理提出了一项具体的措施，即管理条例（management regulation，
荷兰语：beheersverordening）。对一个地区的管理，例如一个已建成的居住区，
市政府可以选择通过土地利用规划或者是管理条例来进行管理。

根据《空间规划法》第 3.38 条第 1 款，对本市尚未有预期空间开发的部分
区域，市议会可以根据其现行的利用情况，制定一个对该地区进行管理的管理条
例。环境许可证的申请也需要根据该管理条例的规定进行审核。由于管理条例的
内容是关于地区目前的利用情况，因此该地区实际上是被保护起来，不能进行新
的开发。对市政府而言，与土地利用规划相比，管理条例更有吸引力的一点在
于，它的程序性要求要简单得多。管理条例和土地利用规划之间一个重要的程序
性差别在于，公民不能针对管理条例向法院提起诉讼（但却可以针对土地利用规
划向法院起诉）。此外，管理条例还有一点很有吸引力，那就是它的筹备费用更
低一些。这是因为在制定管理条例的准备过程中，必须进行的前期调研较少。与
土地利用规划恰恰相反，对制定管理条例的调查研究原则上只限于制作一个关于
区域内土地及其上建筑物的现行利用情况的清单目录。

尽管管理条例——根据该法律的措辞——旨在管理现有的情况，但它也可以
为新的空间开发保留空间。正如前文所指出的，在这类情况下，对环境许可证的
申请必须根据管理条例进行审核。管理条例也可能会禁止各类开发，但有可能在
该条例有效期内，申请人提出了一项没有预见的建设规划，并受到了市政府的支
持。在此类情况下，只有当市政府同时授予其偏离土地利用规划的许可证以及环
境许可证，其建设规划才能够被实施。

4.13　市级建设愿景

在市级政府层面上，我们可以发现《空间规划法》规定的三种空间规划：
建设愿景、土地利用规划和管理条例。建设愿景（structure vision，荷兰语：

structuurvisie）是一种地方规划，它包含了市政府意欲实现的空间政策的主要元素。制定建设愿景是市政府的义务，同样也是省级和国家政府的义务。市级的建设愿景还应说明市议会打算如何为实现拟定的开发而做出努力。因此，建设愿景是一个在市域内不同建设项目之间建立起空间关联的工具，也是市政府首要的空间政策框架。

市政府可以选择制定能够覆盖整个市域范围的单个建设愿景，也可以选择制定多个建设愿景，也就是说几个建设愿景合起来可以覆盖整个市域。这两种选择都可以与为了特定主题，比如住宅开发或者自然保护，制定的单个愿景相结合。相毗邻市的市政府可以决定共同制定跨市的建设愿景（《空间规划法》第2.1条第4款）。

对环境许可证申请的审查与当地的建设愿景无关。因此，建设愿景对公民没有法律约束力。然而，建设愿景却对市政府有约束力。市议会和市行政委员会的决定必须与建设愿景的内容一致。在有（正当）动机的前提下，偏离建设愿景的情况也是有可能出现的。

4.14　省级建设愿景与一般规则

4.14.1　建设愿景

省级政府的空间政策主要是由一个或多个建设愿景所决定的。《空间规划法》第2.2条第1款规定，为了在省域全境形成合理的省级空间规划，省议会应该制定一个或多个建设愿景。（省级）建设愿景"规定了空间政策所应追求的主要目标"（《空间规划法》第2.2条第1款）。为了体现规划的主要特征，建设愿景文件必须包含一些规划图。

除了上述提到的强制性的"一般（general）"省级建设愿景外，省议会还可以制定可选的某方面"省级空间规划政策"建设愿景。交通运输方面的省级建设愿景就是一个例子。

建设愿景不仅包括了拟定开发项目的要点，还描述了"议会打算如何为实现拟定的开发项目而做出努力"（《空间规划法》第2.2条第3款）。换言之，建设愿景也阐明了该如何使用相应的手段来推进拟定开发项目的实施。这些手段可能包括但不限于交际性质的手段（例如政府机构之间的行政协议）或者财政手段（例如提供资金）等。

省级建设愿景对各省本身都具有约束力。我们称之为"行政性自我拘束（administrative self-binding，荷兰语：bestuurlijke zelfbinding）"。除非有正当的理由，否则省政府不得轻易地偏离自己制定的空间政策。

市政府在法律上不受省级建设愿景中内容的约束。例如，如果省级建设愿景提出要建设一个新的工业区，市政府无须立即修改其土地利用规划。不过，省政府可以使用一些法律工具或手段来干预当地的空间政策。也就是说，在《空间规划法》中，有一些法律手段可以迫使市政府修改其土地利用规划，以满足省级政府的空间利益。❶ 在荷兰的空间规划中，这种不同政府层级间的干预相对较少，因为荷兰空间规划体系的形成主要是基于各级政府间所达成的共识。本书对空间规划中这种不同政府层级间干预的法律手段不做详细阐述。

省级建设愿景的制定程序比较简单。这与建设愿景的政策功能有关。对公民没有约束力的政策规划不会有很烦琐的程序性要求。的确，省级建设愿景中并不包含对公民有约束力的规定。因此，这意味着对公民的在许可证框架范围内的建设活动不需要根据省级建设愿景进行审核。此外，《空间规划法》中也没有规定表明，经市议会通过的地方土地利用规划只有在被省政府批准后才能生效——而省政府是否批准该土地利用规划根据的是省级建设愿景。荷兰规划法并没有赋予省政府通过这种方式来批准地方土地利用规划的权力。

同时，由于建设愿景对公民不具有法律约束力，公民也不能以反对建设愿景为由向法院提起诉讼。

4.14.2 一般规则

建设愿景并不是省政府在空间规划方面的唯一手段。一般规则（general rules，荷兰语：algemene regels）也是省级政府可采用的其他规划手段之一。此类一般规则是以省级法规（provincial bye－law，荷兰语：provinciale verordening）的法律形式制定的。一般规则主要针对市级政府制定。《空间规划法》第 4.1 条规定："为了制定适当的空间规划，并出于省级利益的需要，有关地方土地利用规划（……）和管理条例内容的法律规定可以通过省级法规制定和发布。"举一个关于防止涨潮危害的例子。省级法规可以规定，土地利用规划必须禁止在离冬季河床一定距离范围内建设新的住宅。市议会必须在此后的一年内修改土地利用规划，使其符合这项规定（《空间规划法》第 4.1 条第 2 款）。

4.15 国家建设愿景与一般规则

上述关于省级空间规划的所有事项都对应地适用于国家空间规划。因此，在

---

❶ 一个省也可以批准通过"涉及省级利益的"土地利用规划（《空间规划法》第 3.26 条）。负责空间规划的部长也可以通过"涉及国家利益的"土地利用规划（《空间规划法》第 3.28 条）。此类土地利用规划被称为"强制性土地利用规划（imposed land－use plan，荷兰语：inpassingsplan）"。如果某个省或某位部长决定行使他们制定强制性土地利用规划的权力，那么该地区市政府制定土地利用规划的权力将被取消。

国家层面上，空间政策也是由一个或多个建设愿景所决定的（《空间规划法》第2.3条第1款）。就其本质而言，建设愿景可具有完全的（或部分的）"防御性"，比如它能够阻止某个地区所有进一步的开发项目。与省级建设愿景类似，国家建设愿景也描述了"负责空间规划的部长打算如何为实现拟定的开发项目而努力"（《空间规划法》第2.3条第3款）。

国家建设愿景只会约束国家政府本身。国家政府无权偏离自己制定的建设愿景；如果出现偏离，也必须有正当的理由。这也表明，国家建设愿景对公民不具有约束力。这意味着，在许可证申请程序中，不需要根据国家建设愿景对申请进行审核。制定国家建设愿景的程序很简单。公民不能因反对国家建设愿景而向法院提起诉讼。

和各省政府一样，国家政府有权制定一般规则。市政府需要调整当地的土地利用规划，以适应这些一般规则。国家政府制定的一般规则不像省政府的那样，要在地方法规中进行规定，但是要在行政法规（order in council，荷兰语：algemene maatregel van bestuur）中进行规定（《空间规划法》第4.3条）。

第 5 章　私法规划法律手段

5.1　私法法律手段

到目前为止，这本教材已经详细说明了空间规划与开发方面的公法法律手段。然而，我们决不能忽视的是，政府同样可以运用私法法律手段来进行规划。此处指的是政府利用私法，例如政府的土地所有权，作为实现规划目标手段的可能性。❶ 在一定程度上，私法对土地利用的规制可以替代相应的公法上的规制。尼达姆（Needham）在他的《规划、法律与经济学：我们为利用土地制定的法律规则》一书中也谈到了这个话题。❷ 在荷兰的城市规划实践中，土地利用的私法规制对于公法手段而言与其说是替代，倒不如说是补充。这一章将讨论一些相关的私法法律手段。

5.2　没有严格划分的公、私领域

正如以下各节所示，荷兰的市政府可以购买具有"私人目的"（如规划建设住宅或者办公室）的土地。当整理好土地可以用于建设时，市政府可以将土地卖给开发商，从而可以让市政府获得财政收入。这可以被看作是市政府的"市场行为"。市政府其他的"市场行为"也十分常见。与其他一些国家（如英国）不同的是，荷兰市政府在原则上是可以建立由政府承担市场风险的公私合作伙伴关系的。以一种法律实体的形式存在，并由公、私双方共同承担（金融）风险的公私合作伙伴关系在荷兰是被允许的，而且非常常见。这种类型的伙伴关系可能与土地开发有关，有时甚至也与后续的房地产开发有关。这表明，与英国这些国家不同的是，荷兰的公共与私人领域之间没有严格的划分。这意味着荷兰市政府在原则上可以成为市场主体，从而涉足属于私人领域的活动。

---

❶ 关于公法与私法的区别，参见本书第 1 章第 1.6 节。

❷ B. Needham. *Planning*, *Law and Economics. The rules we make for using Land.* London/New York（Routledge），2006.

5.3 政府对私法的运用

5.3.1 阻挠学说

原则上——但并非总是如此——荷兰政府可以利用私法来实现其政策目标。阻挠学说（the thwarting doctrine，荷兰语：doorkruisingsleer）就是一个重要的限制。❶ 这一学说的主要思想是，如果政府在使用私法时阻碍了与受影响主体有关的公法，那么该私法将无法使用。相关的公法规制也会以令人无法接受的方式被阻挠使用。❷

在风车（Windmill）一案的判决中，荷兰最高法院给出了用于判定私法是否阻挠了公法的重要标准。❸❹ 首先，相关公法规制的内容和意义是非常重要的，例如，该规制具有较大的历史意义。在这种背景下，该公法规制在保护公民利益的方式以及保护的程度方面具有重要意义。普隆·范博梅尔（Pront - van Bommel）、斯托特（Stout）和范德弗里斯（Van der Vlies）对此描述如下：❺

> "从本质上讲，阻挠原则意味着，如果私法的使用会阻碍公法规制所提供给公民的特定保障功能的实现，那么在原则上，是不允许政府使用私法的。对公法规制的不可接受的阻挠主要针对的是对公民的经济利益、法律保障和程序利益具有特定保障功能的公法规制。这是为了防止私法的使用会将公民置于一个比政府运用公法更不利的境地。"

第二个重要的标准是，政府使用公法规制方式能否取得与使用私法方式类似的结果。如果利用公法能够产生类似的结果，那么将不允许政府使用私法方式。❻

诚然，事先确定私法的使用是否会阻碍公法的规制并不容易。然而，原则上政府是可以自由使用私法的，除非有适用阻挠学说的情况。如本章剩余部分所示，政府私法的使用涵盖了从协议签订到参与公司成立等范围。

---

❶ 在政策目标可以通过两种不同的法律方式，即私法和公法，实现之后，阻挠学说也被称为"两种方式学说（two - ways doctrine，荷兰语：tweewegenleer）"。

❷ J. A. E. van der Does, G. Snijders. *Overheidsprivaatrecht.* Deventer（KIuwer），2001. p. 18 - 19.

❸ Hoge Raad，26 januari i 990，NJ 1991，393.

❹ Van der Does，Snijders（2001）. p. 19 - 20.

❺ S. Pront - van Bommel，H. D. Stout，I. C. van der Vlies. *Juridische kwaliteiten van onderhandelend bestuur：onderhandelend bestuur en tegenstellingen in belangen.* Amsterdam（Amsterdam University Press），1998. p. 26.

❻ Van der Does，Snijders（2001）. p. 20.

5.3.2　服从适当行政的一般原则

如果政府利用私法实现其政策目标，那么它就如同一个私主体。在这种情况下，政府就像是一个私主体在使用私法。例如，缔结协议和建立（土地开发）公司。政府可以像私主体一样运用私法手段。专门适用于政府的合同法并不存在。然而，在这种情况下，政府也不能完全等同于私营公司一样的私主体。的确，荷兰《民法典》第三编第 14 条（article 3：14）指出，当政府使用私法时，它必须服从适当行政的一般原则。❶ 这意味着，政府在使用私法时，不应与平等对待原则（principle of equal treatment，荷兰语：gelijkheidsbeginsel）相冲突，即政府应当对同样的情况进行公平对待。对适当行政一般原则的限制不适用于"普通"的私主体。

> **案例**
>
> 某市有两家洗车公司 A 和 P，两家洗车公司彼此是竞争对手。同时，这两家公司分别向市政府询问是否允许他们在该市停车单上做广告。然而，在对 A 公司没有任何解释的情况下，市政府与 P 公司签订了城市停车单上含有 P 公司广告的合同。为此，A 公司向法院起诉称，市政府没有对其与 P 进行公平地对待，而且在给予两家同样对广告有兴趣的公司公平竞争机会的程序上不透明。
>
> 法院同意 A 公司的这些观点并判定市政府确实违背了公平对待原则。法院判决，所有本地企业都应受到同样条件的限制，并应获得相同的信息。这是为了防止市政府有所偏袒和任意操作的风险。市政府对其"合同自由"的辩称，即市政府可以自由地与任何希望的人缔结合同的请求，是不予支持的。法院判决，自由合同并不等于取消市政府需给予（平等主体）平等机会，并遵循透明程序原则的义务。❷

5.4　购买

5.4.1　因规划获得不动产所有权

此处需要提及的一个私法规划法律手段是市政府对土地及其上建筑物的购

---

❶　关于适当行政的一般原则的简要解释，参见第 4 章第 4.8.3 节。

❷　Rechtbank Arnhem, 23 September 2010, ECLI：NL：RBARN：2010：BN9729, *Bouwrecht*, 48^e jaargang, januari 2011, p. 23.

买。尽管购买不是建筑规制的直接形式——在购买行为本身并不涉及任何土地使用或建筑规定内容的意义上——但它却是市政府用来引导当地未来开发的法律手段。购买的土地可能是一块在当地的建设愿景、总体规划或者土地利用规划中已经被指定用于商业区或者住宅区建设的农业用地。或者,购买的土地可能与一块已建成的区域有关。例如,为了对一个现存城市中的区域进行重建,而购买了该地区很多质量低劣的住宅大楼。另一种可能是对已经空置的建筑物进行战略性地购买。通常情况下这些建筑物已经失去原有的功能,例如工厂。在这种情况下,购买可能会有多个目的。其中一个目的可能是,市政府通过购买防止城市中具有宝贵建筑样式的建筑物被拆除。购买的另一个目标可能是,市政府可以获得需要再开发地区中具有战略性位置的土地。在这样的背景下,理所当然地,通过对建筑物的"重新定向(re-designating,荷兰语:herbestemmen)",该地区的再开发可以得到新的推动力。

案例

> 海牙市政府购买了位于 De Binckhorst 商业区的 Caballero 工厂大楼。该大楼已经被重新指定作为来自创意和信息通信技术部门的公司(包括图形设计师、建筑师、信息通信技术、通信公司和广告公司等)的多租户建筑。同时,它保留了其工业形象。在本例中,该购买涉及的是将一个单一的商业区转变成一个不仅具有大型公司,而且具备住宅、零售业、大型公园和休闲设施的城市区域的开发设想。

5.4.2 积极的土地政策

上述论述表明,荷兰各市政府购买的土地不限于已经被指定用于公共用途的土地,比如道路、广场或公立学校。与其他一些国家不同,荷兰各市政府可以购买已经规划为"私人用途"的土地,比如一个居住区或者购物中心。然而,这些房屋和购物中心不会由市政府进行建设。在从以前的业主手中购买土地后,市政府可以整理土地用于建设,之后将土地卖给其他主体(通常是房地产开发商),他们会进一步实现土地规划中的私人目标。市政府可以通过向开发商出售土地获得可观的财政利润。❶ 这些利润可以用于支付市政府在城市范围内其他无

---

❶ 市政府通过购买(农业)土地,并将其规划的农业用途改为住宅用途后,能获得巨大的利润。通过这种方式,市政府可以从土地增值中获利。在许多其他国家,例如德国,市政府不可能以这种方式行事。参见:L. Janssen-Jansen, G. Lloyd, D. Peel, E. van der Krabben. *Planning in an environment without growth*. The Hague (Raad voor de leefomgeving en infrastructuur), 2012. p. 40.

利可图的项目的成本。❶ 特别是城市中心（贫民区）的改造项目，尽管这一类项目收益低，但其需要大量的资金投入。

积极的土地政策（active land policy）是指：

1）政府对未开发土地的购买。

2）对土地进行整理以用于开发建设。

3）将土地出售（或长期租赁）给开发商或住房协会。❷

积极的土地政策是荷兰空间规划的一个特征。❸

这一政策也适用于已开发土地的情形。此时积极的土地政策包含以下内容：

1）购买已开发的土地及其上建筑物。

2）将（某些或全部）建筑物拆除，清理土地，搬迁公司并重新分配土地。

3）向开发商或者住房协会出售（或长期租赁）土地及其上建筑物。

必须指出的是，积极的土地政策不是强制性的；市政当局可以选择实行消极的土地政策（passive land policy）。在消极的土地政策情况下，市政当局不会积极购买土地，但会为开发商制定相应的公法框架（其中土地利用规划是最重要的）。对市政府而言，这项政策没有任何财政风险，但也无法从土地销售中获利。

总的来看，可以说，与欧洲其他国家的城市相比，荷兰的市政府拥有更为强势的权力，其既有公法权力，也有私法权力。此外，与欧洲其他国家的城市相比，它们所能运用的财政预算也比较多。

5.5 出售

私法规范的一项重要法律手段，涉及土地的分配（the allotment of land，荷兰语：gronduitgifte）。如果市政府是土地的所有者，其可以使出售的土地附带某些买方必须遵守的建筑法规。买方通常是房地产开发商。而必须遵守的法规中的部分条款可以被认定为城市规划的条件。城市规划条件的例子如下。

（1）建设义务（obligation to build）

合同中可能会要求买方在几个月内提交建筑工程的环境许可证申请书。这可

---

❶ 由于出售土地而产生的市政府的利润或多或少地取代了非常有限的市政府的征（市政）税权（见第 1 章第 1.7 节）。但土地作为收入来源容易受到经济变化的影响。如果经济形势恶化，通常土地价格会下降，也使得来自出售土地的市政收入减少。此外，对已经购买但尚未出售给开发商的土地，市政府还需要支付利息，这对市政府而言可能是一个沉重的财政负担。

❷ "active land policy（积极的土地政策）"是对荷兰术语 "actief grondbeleid" 的直译英语。英语国家通常用 "土地银行（land banking）"这个词来形容这种现象。

❸ 范德克拉本（Van der Krabben）从国际比较的视角进行论证，认为荷兰的积极土地政策是一个罕见的现象。参见：E. Van der Krabben. *Gebiedsontwikkeling in zorgelijk tijden. Kan de Nederlandse ruimtelijke ordening zichzelf nog wel bedruipen?* Nijmegen（Radboud Universiteit Nijmegen），2011. p. 5.

以让政府确保土地会如期得到开发。我们可以看到（私法上的）土地出售是如何补充（公法上的）土地利用规划的。第4章第4.3节对土地所有者没有实施土地利用规划的义务进行了解释。一项公法上的土地利用规划并不要求土地所有者去申请环境许可证，以实现他的土地上（规划指定）的土地利用目的。但是，在市政府通过私法合同出售土地的情况下，土地所有者就有义务去申请环境许可证。市政府可以通过这种手段确保土地利用规划的实现。

　　建设的义务也并不是完全可靠的。毕竟，土地所有者可以决定不申请许可证。这也是为什么通常将建设义务与销售合同中将土地转回给市政府的义务相结合。如果买方没有申请环境许可证，在市政府的要求下，买方必须将土地再转回给市政府。将土地转回给市政府产生的费用，由原土地所有者承担。

　　（2）视觉质量规划（visual quality plan）

　　土地出售合同所附条款和条件的另一个例子是，买方必须遵守该地区的视觉质量规划。

　　（3）停车场（parking places）

　　最后，买方也有义务在自己的土地上（自费）提供一些停车位。

　　作为土地出售协议组成部分的城市规划条件，由市政府单方面制定，或者通过市政府与潜在购买者之间协商制定。如果买方（开发商）认为该条件过于苛刻，他可以决定不购买土地。

　　通常情况下，市政府出售的土地是已经经过整理可以直接用于建设的土地（land that is prepared for construction，荷兰语：bouwrijpe grond）。因此，每平方米的售价将包括市政府为土地提供公共基础设施建设所支付的成本。举例来说，这些成本包括了提升地力、平整土地，以及移除障碍物等的费用。此外，市政府很有可能已经为该地区的公共设施建设支付了大量费用，而出售土地时会因这些公共设施获益。这些公共设施包括公共绿地、公共停车场和公共道路等。而建设这些设施的费用也将包括在土地的销售价格中。除此之外，市政府也期望通过销售土地来获得一定的利润。

5.6　租赁

　　当市政府为了城市开发将土地出租给开发商（urban development，荷兰语：stedelijke erfpacht）时，政府保留了土地的所有权。然而，承租人（leaseholder，荷兰语：erfpachter）有权持有和使用该不动产（《民法典》第五编第85条）。结果就是，承租人拥有土地上建筑物的使用权，但使用的土地是租赁来的。

　　土地租赁的建立就像是不动产所有权的出售和转让。首先，土地所有者和承租人达成协议。该协议将涵盖租期、租金（ground rent，荷兰语：canon）的高低，以及可以允许的土地用途等内容。其次，需要拟定公证书（notarial deed，荷兰语：notariële akte），并由公共登记机构进行登记。

土地租赁协议中关于承租人的条款和条件通常是深远且广泛的。它不仅包括有关建筑物的义务，如上文提到的土地出售合同中的义务，而且还对承租人在土地的使用、维护和保养方面施加了各种各样的义务。比较常见的是对土地的维护义务，承租人有义务充分维护土地及其上建筑物，并达到让市政府（土地所有者）满意的程度。同样地，重建的义务也比较常见，这意味着如果土地上建筑物被摧毁，承租人必须要进行重建。

市政府选择把土地租给，而不是卖给开发商或者承租人的原因有很多。下面提到了其中的三个原因。它们分别与以下三点有关：①影响土地利用；②赚取土地收益；③刺激新建筑物的产生。

影响土地利用。除了通过公法中的土地利用规划对土地和建筑物的利用产生影响外，市政府通过以将土地出租给承租人这样的私法方式也会对土地和建筑物的利用产生影响。将土地进行长期租赁的理由之一是，不能由土地利用规划进行规制的事项可以通过土地租赁协议中的条件实现。其中一些以义务形式出现的条件在上面第 5.5 节中已经提及。

赚取土地收益。市政府选择出租土地的另一个原因是，出租比出售土地的经济收益更好。的确，承租人需要支付地租，而且地租必须按月或按年支付。此外，地租经常与一定的指数挂钩。按指数进行调整（indexation）是指租金（通常是年租金）会基于特定的指数增长，例如房价指数（这是衡量存量住房价格水平变化的一个标准）。此外，取决于地租合同的具体规定，租金会根据土地价值的增加被定期修订。不过，在土地租赁合同的有效期内，根据土地价值的增加来修改地租的情况并不经常发生。因为租金的修改可能导致承租人负担租金的上升。

土地租赁的这些特征与产生一次性资本收益的土地出售形成对比。但另一方面，土地租赁制度意味着市政府通过保留土地的所有权锁住了蕴含在土地上的大量资本。因此，与土地出售不同，市政府通过土地租赁获得的资本不能用于其他（公共）目的。

市政府选择将土地出租给承租人而非出售，有经济上的考虑。但也会出于政治－财政方面的原因。根据一个（社会主义的）政治学观点，土地价值的增加也必须使后代受益。而通过长期租赁合同获取的收益，可以通过市政府回流给后代使用。这与土地出售时获取的一次性收益不同，只有当代人才能获取并享受后者的收益。

刺激新建筑物的产生。将土地长期出租给承租人的另外一个原因是为了促进新建筑物的产生。土地租赁可以作为资助新开发项目的一个手段。因为如果将土地出租给承租人，那么承租人或开发商所需要的初始投资会比直接购买土地所需的资金少得多。因此，开发商因为不必购买土地而结余下来的资金可以用于对建筑物的投资。通过这种方式，土地租赁可以成为刺激开发商主动性的催化剂。❶

只有少数的荷兰城市采用土地租赁的方式进行城市开发。在近 400 个城市中，大约只有 20 个城市存在土地长期租赁的情况。其中主要是像阿姆斯特丹和乌特勒支这样的大城市。采用土地租赁的形式的城市数量较少的原因可以被解释为，比起租赁土地，建筑物的买主通常更倾向于拥有土地。

5.7 公私合作伙伴关系

5.7.1 定义

一般而言，公私合作伙伴关系（public – private partnership）可以被描述为"一种基于公共和私人主体各自的目标，一起向着共同目的努力的公、私合作制度形式，其中双方在预先确定的收益和成本分配基础上共同承担投资风险。"❷

从法律角度来看，公私伙伴关系协议（agreement）的存在是值得被关注的。其中最相关的协议是意向声明和合伙协议。在大多数情况下，这些协议是由政府机构（通常是市政府）与开发商或投资者等私主体之间签订的。如果当事人希望参与城市区域开发的合作项目，则会使用这些协议。例如，当开发地点的土地所有权在各方主体间进行划分时，就需要一份类似的协议。

开发商和市政府之间公私合作伙伴关系的特点是，其不仅仅限于土地出售，或者是市政府为了收回对开发商有益的公共基础设施建设（如公共道路）的成本而与开发商达成的协议。公私合作伙伴关系比这更进一步，双方需就项目的实现和空间质量进行协商并达成共识。这与非公私合作伙伴关系的情况不同，在后一关系中，市政府或者私人开发商，单方面决定项目及空间质量的情况。

在荷兰，市政府与（大型的）房地产开发商之间的公私合作伙伴关系非常普遍。传统上，荷兰的住房项目规模一直比较大。最近的一些住宅开发项目甚至在一个项目区内可以涵盖多达数千套住宅。其中多数都是批量生产的。荷兰的城

---

❶ 在 2010 年左右的经济金融危机中，鹿特丹市明确地使用了土地租赁来刺激新建筑物的建设。

❷ P. Nijkamp, M. van der Burch, G. Vindigni. A comparative institutional evaluation of public – private partnerships in Dutch urban land – use and revitalisation projects. *Urban Studies*, 2002, 39 (10), p. 1865 – 1880.

市扩张规模较之于比利时的佛兰德斯和德国的北莱茵威斯特伐利亚要大得多。❶同样是与这两个城市相比，私人委托建造住房（private commissioning）（私人作为自己独特住房的委托者）在荷兰是比较罕见的。但必须指出的是，自 2010 年欧元危机以来，荷兰住房项目的规模开始逐渐缩小。

在达成公私合作伙伴关系协议之前，市政府和房地产开发商之间的谈判通常是困难的。毕竟，合作包含的金融风险很高（涉及上百万欧元），在合同初期不能对最终产品进行准确界定（比如房屋和办公室的类型等），同时合作要持续相当长的一段时间（通常是几年）。

5.7.2　公私伙伴关系：意向声明

一般来说，意向声明（a declaration of intent，荷兰语：intentieovereenkomst）是一个协议，其中规定了双方在签订进一步协议之前必须满足的条件。❷ 具体来说，在城市开发方面，原则上，双方在意向声明中同意共同启动一个特定的城市开发项目。他们在意向声明中明确表示愿意合作。为此，他们同意调查在该地区是否，以及如何能够实现伙伴关系。

大多数情况下，该调查是为了准备涉及各方利益的"可行性研究"。因此，意向声明为签约的各方开展可行性研究奠定了基础。这个可行性研究主要具有经济性质，它基本上可以从金融的角度回答项目方案能否实现的问题。根据可行性研究的结果，各方会决定是否会为该地区的开发继续合作。通过可行性研究，可以自由决定是否进行进一步合作，这是意向声明的一个显著特点。

"意向声明"的名称可能会让人产生这样一种印象，即这种协议很"软"，而且不可执行。但实际上，意向的声明中所达成的协议具有较强的强制性。

案例

从 KNSF 公司诉默伊登市（*KNSF vs. municipality Muiden*）案件的法院裁决中可以看出，意向声明具有较强的强制性。❸

默伊登市和 KNSF 公司（房地产开发商）签订了意向声明。声明规定了将一个 1350 幢房屋的建设作为某地区开发的起点。然而，在地方选举之后，新的市议会和市行政委员会上台。市政当局现在希望减少一半计划建设的房

---

❶　J. Tennekens, A. Harbers. *Grootschalige of kleinschalige verstedelijking*；*Een institutionele analyse van de totstandkoming van woonwijken in Nederland，Vlaanderen en Noordrijn – Westfalenka.* Den Haag（Planbureau voor de Leefomgeving），2012.

❷　在城市（再）开发情况下，进一步的协议将会是一个合伙协议，详见本章第 5.7.3 节。

❸　Rechtbank Amsterdam, 364118, 17 juni 2007. ECLI：NL：RBAMS：2007：BA3675.

屋数量。KNSF 公司对此提起诉讼。法院在判决中裁定，市政府受先前签订的协议之约束。因此，（新的）市行政委员会必须尽最大努力使 1350 幢房屋的建造成为可能。尽管这只是一个"意向声明"，但市行政委员会必须遵守与市议会和其他利益相关方所约定的建设数量。法院还裁定，"如果市行政委员会遵守了这一约定，而预期建设的房屋数量最终证明不可行，那么市政府不可受到指责。

如果市政府未能履行其在意向声明中的合同义务，另一方（通常是开发商）可以请求赔偿经济损失。

5.7.3 公私伙伴关系：合作协议

在签订意向声明后，如果合作各方决定继续合作的话，他们会签订合作协议（partnership agreement，荷兰语：samenwerkingsovereenkomst）。❶ 合伙协议的目的是促成市政府和开发商在项目中的合作关系，并对两者就如何、什么时间，以及以何种形式承担开发项目的风险达成协议。❷ 在实践中，合伙协议也有不同的名称，如"开发协议（development agreement，荷兰语：ontwikkelovereenkomst）。这一节主要阐述的是合伙协议的内容。

关于合伙协议的内容，主要有以下几个要素需要明确。以下（但不限于以下）几个要素在合伙协议中是最常见的。

（1）财政性质的约定

财政性质的约定无疑与开发商（们）为市政府提供的对开发商有利的公共服务所支付的经济补偿金额有关，❸ 即所谓的开发商的"开发捐赠（development contributions）"。市政府提供的公共服务可以包括道路、下水道和绿地。

（2）费用的支付

这与包含在（市政府）接受作为预期开发项目后果的（例如来自邻居的）赔偿损失（荷兰语：tegemoetkoming in de schade）的要求有关（《空间规划法》第 6.1 章）。根据法律规定，市长和市府参事依法处理赔偿请求（《空间规划法》第 6.1 条）。协议规定，这些费用实际上是由土地所有者（开发商）承担的。❹

---

❶ 除意向声明和合伙协议之外，市政府和开发商之间还可能签订了其他协议。出于使内容清晰的原因，我们将不讨论这些其他协议。一般来说，在市政府和开发商之间签订的所有后续协议中，有关相同方面的协议会重复出现。这些连续协议之间的差异在于对每个方面介绍的详细程度的增加。

❷ 该定义来自于：P. S. A. Overwater. *Naar een sturend（gemeentelijk）grondbeleid. Wie de grond heeft，die bouwt.* Alphen aan den Rijn（Kluwer），2002. p. 103。

❸ 关于开发捐赠的内容，详见本章第 5.7.5 节。

❹ 关于这些所谓的"规划赔偿权协议"的内容，详见第 2 章第 2.3 节。

（3）项目计划

合伙协议的部分内容是将要实现的项目（办公室、住所、休闲、零售），及其预期的质量水平。各方可以约定，先前达成一致的该地区的总体规划是该项目的出发点。就住宅项目而言，通常会规定一定比例的经济适用住房（用于出租和（或）出售）。在这个阶段，由于市场条件可能改变，有关项目灵活性的可能性内置于项目中。因此，协议允许项目根据市场的变化而发生变动。例如，项目转变为建设更多（或更昂贵）的住房，而不是预期的办公室开发。

（4）分阶段规划

这一点涉及对项目开发中所进行的必要性活动的分阶段规划。城市开发是一项综合性的复杂活动。它的每一个方面都不可能被同时完成。不管是从技术视角看，还是从商业视角看，这都是不可能的。举一个后者的例子，如在市场上一次性投放太多相同类型和价格范围的住房可能会破坏市场。

（5）合伙模式

就市政府与项目开发商之间合伙关系的结构而言，存在各种备选方案。在他们的合伙协议中，各方会选择其中一种备选模式。对于模式的选择取决于一些变量，最重要的一些变量如下：①对待开发地区的土地所有权在市政府和项目开发商之间的划分；②市政府期望的控制程度；③市政府与开发商之间的风险划分；④项目的复杂程度和持续时间。本章第5.7.4节将阐述不同的合伙模式。

（6）土地购买义务

土地购买义务减少了卖方（市政府）有关土地开发的财政风险。的确，土地购买义务意味着，在签订合伙协议的时刻，卖方可以确定开发商会在将来某一时刻、以某一价格购买土地。这不同于开发商的土地购买权。从卖方的视角来看，与开发商购买土地的权利相比，土地购买义务意味着更多经济上的确定性。土地购买义务是指开发商（在将来的某一时刻）有义务购买土地，即使出现对开发商不利的情况，如住房市场低迷或建筑成本高等。然而，土地购买义务往往与一定比例的预售相连接。在这种情况下，开发商只有在一定比例的新建房屋要提前出售时才有义务购买土地。这也降低了开发商的财务风险。土地购买义务还经常会附带其他条件：开发商不仅仅是在只有一定比例的房屋已经被提前出售的情况下，才有义务购买土地；同时，也只有在项目已经被授予环境许可证，而且为了便于项目的开展当地土地利用规划已经被修改的情况下，开发商才有义务去购买土地。

（7）财政手段与公法权力

合伙协议还明确了市政府为推动该地区的开发而使用的财政手段和公法权力。这部分非常重要，因为当缔结合伙协议时，公法可以推动（再）开发项目的土地利用规划通常还没有到位。本章第5.8节将进一步深入该部分内容的研究（"5.8 土地利用规划协议"）。

5.7.4 公私伙伴关系模式

合作伙伴关系模式非常多样。以下将简要说明两个经常使用的城市（再）开发模式。

发展权模式

在这一阶段的合伙协议规定，私主体（开发商）可能会把自己位于将要（再）开发地区的土地出售给市政府。作为回报，私主体将会获得的收益是土地的销售价格以及土地"发展权"。这是每一个开发商在合伙协议的基础上可以从市政府方面获得的专有权利，即获得之后在某个特定地点进行特定项目开发的权利。❶ 接下来，市政府将会整理土地用于建设，随后将其中的几个地块卖回给开发商。这种模式被称为发展权模式（development rights model，荷兰语：bouwclaimmodel）。这尤其适合开发商在待开发区域拥有几块分散地块的情况。❷ 由于地块太小等原因，（许多）原来的地块可能不适合预期的开发。使用发展权模式的另一个例子是，开发商拥有的地块已经被规划进待开发区域。使用该模式意味着开发商要将此地块交给市政府，以换取该地区另一个地点的发展权。由于区域内所有的土地变成市政府所有，它可以重新对土地进行分配。通过这种方式，新的适合预期开发项目的地块就产生了。如前所述，这些（新）地块会被出售给开发商。在大多数发展权模式中，土地开发所涉及的金融风险由市政府承担。而房地产开发（即建筑物）的风险由房地产开发商承担。

合资企业模式

合伙协议也可能需要一种完全不同的模式，即当事人联合组成一个法人实体（公司），作为对该地区进行（再）开发的法律主体，这就是合资企业模式（joint - venture model），其需要比发展权模式更为密集的伙伴关系。如果公共和私人双方愿意共同分担土地开发中的风险和机会，而且需要对该地区进行长期开发的话，那么选择合资企业模式尤其适合。对一个公共或私人主体而言过高的（金融）风险可以通过一个法律实体进行分散，并由此实现一个大规模的开发项目。选择这个模式的其他原因主要是税收和民法性质的，因为合资企业模式提供

---

❶ 关于"发展权"的解释，详见第2章第2.2.2节。

❷ E. R. Hijmans, M. Fokkema red. *Recht rond grondbeleid.* Deventer（Tauw），2007. p. 433.

了实现税收优惠和限制各方有关责任的可能性。❶合资企业可以被看作是公共领域和私人领域之间的纽带。在合资企业中，公共（市政府）和私主体（房地产开发商）对地区开发的雄心相互融合。除此之外，合资企业还有许多不同的形式。本章第5.7.7节将更详细地讨论合资企业模式。

除了发展权模式和合资企业模式，还有其他几种模式，比如特许权模式（concession model），所有这些模式都是基于合伙协议之上的。

5.7.5　收回土地开发市政成本的协议

土地开发（land development，荷兰语：grondexploitatie）可以被看作是对一个空间规划的财政性平衡。土地开发包含对时间和成本的及时估计。土地开发成本的一般构成要素是：

1）（未开发的）土地和建筑物的购买费用。

2）拆除建筑物的费用，比如旧的工业建筑。

3）土壤净化的费用。

4）整理土地以备建设的费用，比如提高或平整场地，（临时的）施工道路、排水系统、永久性道路、自行车道、广场、人行道、公共水源、码头、桥梁、公园、公共游乐场、公共体育设施、公共艺术、公共停车场，等等。

5）计划成本，如准备建设、监督、咨询和研究（例如对土壤质量、交通和考古价值等方面的研究）的成本。

在收益方面，土地开发的收入来自：

1）出售土地，特别是出售给私人房地产开发商或个人。

2）将土地长期租赁。

收入的取得主要取决于将在土地上实现的项目计划。用于住宅开发的土地通常比工业用途的土地有更高的回报。❷

土地开发必须区别于房地产开发（real estate development，荷兰语：opstal-ontwikkeling of vastgoedontwikkeling）。土地开发仅限于土地，而房地产开发则涉及土地上将要被建造的建筑物（住宅、办公室、休闲设施、零售设施等）。此外，房地产开发还需要进行财务管理。

如第3章第3.7节所述，根据《空间规划法》规定，开发捐赠，即为土地开发提供的某些市政服务和设施的成本必须从受益的主体（开发商）手中收回。这些

---

❶　Overwater（2002）．p. 130.

❷　一般情况下，可以说，城市中心再开发项目中涉及的土地开发成本要高于城市（向农村）扩张情况下的土地开发成本。这主要是与取得土地和建筑物的成本有关。如果不能以预期的收入补偿开发的高成本，就可能成为市区再开发项目的主要障碍。

必须收回的费用详见《空间规划法令》（第6.2.3条至第6.2.5条）。市政府所承担的成本可能因具体情况而有所不同。但原则是土地开发的市政成本必须收回。

通过签订可以明确市政府与一个或多个开发商之间财务约定的合伙协议（见本章第5.7.3节），双方当事人可以实现从开发商处收回市政成本的法律要求。更确切地说：每个公私合作关系模式（参见第5.7.4节：发展权模式、合资企业模式和特许权模式），都可以被看作是一个满足了收回土地开发市政成本法律要求的合伙协议。

缔结合伙协议是收回市政成本的一种私法途径。如果无法达成私法协议，《空间规划法》确保了可以根据公法收回这些成本（参见第3章第3.7节关于场地开发规划的内容）。

5.7.6　两种合作关系类型

从法律角度来看，有两种公私合作伙伴关系的类型。第一种类型是（纯粹的）契约性合作伙伴关系；第二种类型则是在一个联合的法律实体中的合作关系。公、私合作的这两种类型都可以被认定为公私合作伙伴关系。

公私合作伙伴关系是通过使用"一般"的法律手段，即协议（在契约性公私合作伙伴关系中）或公司（在法律实体形式的公私合作伙伴关系中），而形成的法律关系。在荷兰，没有单独的法典涉及公私合作伙伴关系，也没有被称为公私伙伴关系的明确的法律概念。公私合作伙伴关系本身不是一种法律上的概念，而是一种社会－学术上的资格要求。尽管如此，现有的一些法律概念可以适用于公私合作伙伴关系。❶

5.7.7　公私合作伙伴关系：土地开发公司

在公私合作伙伴关系的框架内，政府利用私法来实现其规划目标的最后一种形式是，法律实体的成立和参与。这意味着，政府机构通常是市政府，与其他各方主体一起成立公司，并持有相应股份。这就是以法律实体形式存在的公私伙伴关系。该法律实体称为"土地开发公司（land development company，荷兰语：grondexploitatiemaatschappij）（简称 GEM）"。土地开发公司是供公司合作伙伴关系中合资企业模式的代表。

在城市开发中，涉及的法律实体通常是一个有限责任合伙企业或者私人有限责任公司（a limited partnership/private limited company，荷兰语：CV/BV，com-

---

❶　H. Stout，H. Weening. De（on－）betrouwbare overheid：een juridische kijk op private verwachtingen. In：H. van Ham，J. Koppenjan editors. *Publiek－private samenwerking bij transportinfrastructuur. Wenkend of wijkend perspectief?* Utrecht（Lemma），2002. p. 154.

manditaire vennootschap／besloten vennootschap）。这意味着一个有限责任合伙企业是基于双方当事人的协议而成立的。该协议还规定，一个（单独成立的）私人有限责任公司将作为（有限责任合伙企业的）唯一的经营合伙人。在极少数情况下，会成立一个私人有限责任公司，而不是一个（联合的）有限合伙企业/私人有限公司。这类公司的本质特征是能够独立参与法律事务，即独立承担权利义务。他们积极参与规模更大、持续时间更长的城市开发项目。

在城市开发项目中，经常会发生土地所有权在市政府和一个或多个开发商之间被分割的情形。土地开发公司按照以下原则运作。公司由市政府和开发商共同成立。随后，双方当事人将他们的土地转让给公司。公司通过购买土地，取得城市开发项目所需的剩余土地。此处的土地指的是在公司成立时，双方当事人并不拥有的土地。（在公司成立之前起草的）合伙协议包含了如果不能在自愿基础上达成该结果的规定，即通过行使其优先购买权或者通过征收的途径，市政府会获得这些土地，并随后将土地转让给公司。接下来，公司开始开发该地区的土地，特别是对土地进行整理以用于建设。❶ 这些公司也因此通常被称为"土地开发公司"。除了整理土地以用于建设，土地开发公司也会制定城市设计条件/条款（urban design conditions，荷兰语：stedenbouwkundige randvoorwaarden）。❷ 最后，可以用于建设的土地会被分（出售）给开发商（或是第三方），他们会随后着手开始建设（建筑物等）。而且，开发商和第三方也会受到城市设计条件的约束。

在极少数情况下，我们会看到一个公司承担的任务不仅包括土地的开发，还包括房地产开发。在这些情况下，市政府通过参与房地产开发，实现了对传统土地开发任务的超越，与此同时也承担了风险。❸ 这时，传统意义上包含在公共领域的内容（土地开发）与包含在私人领域的内容（房地产开发）之间的边界，已经变得模糊不清。这种结构的优点是可以在土地开发完成与建筑物建设完成之间，进行利润和风险的结算。❹ 因为在这种情况下，市政府（及其合作伙伴）的财务风险和机遇不仅限于以土地开发公司进行的土地开发，也延伸到了之后的房地产开发。

---

❶　由于这是一本介绍性的教科书，所以本书不会详细阐述欧洲采购法给土地开发公司的土地开发活动带来的难题。

❷　在这里，可以发现出售协议中附带的条件（见本章第 5.4 节）与土地开发公司制定的条件之间的差别。作为出售协议组成部分的城市规划（设计）条件，原则上是由市政府单方面制定的。然而，土地开发公司制定的条件是土地开发公司的公、私双方当事人协商并达成共识的结果。

❸　此种情况下的一个案例是（荷兰）斯海尔托亨博斯（s‐Hertogenbosch）市的 Paleiskwartier 城市开发项目。进一步的信息，请参见：I. Bruil, F. Hobma, G. J. Peek, G. Wigmans. *Integrale gebiedsontwikkeling. Het stationsgebied's‐Hertogenbosch.* Amsterdam（SUN），2004。

❹　G. Wigmans. PPS en de totstandkoming van de Ontwikkelingsmaatschappij Paleiskwartier. In：Bruil et al（2004）. p. 337.

如果开发项目的规模相对较小，那么设立土地开发公司就不那么常见了。毕竟，成立和经营一家公司需要支出相当大的费用。一个小规模的项目很难承担这些费用。自2008年经济危机以来，开发项目的规模总体上变小了。因此，土地开发公司也变得不那么普遍了。

公私合作伙伴关系（PPP）法律实体的民主合法性

有人提出，即使不贬损公私合作伙伴关系法律实体的好处，人们也会质疑该法律实体的民主合法性。有些人认为，PPP法律实体缺乏民主合法性。法学研究人员范德黑伊登（Van Der Heijden）等人认为，成立这样一个独立的法律实体，是忽视政治的行为。[1] 这一说法得到了许多支持。[2] 通过与公私合营公司（比如私人有限责任公司或者有限责任合伙企业）的合作，开发项目或多或少地被私有化了，而且市议会的地位也有所下降。例如，地方政要不能轻易地影响这些公司的政策。此外，鉴于这些公司文件中含有市场敏感内容，议员们不能公开获取或者观察这些公司的商业数据。总体来说，律师科斯特（Koster）指出，"市政府与私主体以有限责任合伙企业或者私人有限责任公司形式进行合作在很大程度上（能够）避开常规的民主控制"。[3]

5.8 土地利用规划协议

5.8.1 土地利用规划作为一种（权力）手段

本章最后讨论的私法规划法律手段是土地利用规划协议（land – use plan agreement）。在城市开发中，土地利用规划是市政府的一项重要（权力）手段。因为如果没有一个合适的土地利用目的（land – use objective，荷兰语：bestemming）（即对土地用途和建筑物规定的恰当描述，suitable description of purposes and building regulations，荷兰语：doeleindenomschrijving en bebouwingsvoorschriften），开发商就不能对其取得的土地进行开发。例如，为了开发土地，土地利用目的需要从"农业用途"转变为"居住用途"。因此，开发商需要市政府的规划。

在与开发商达成协议之前，市政府经常会推迟有利于开发商的土地利用规划的

---

❶ G. M. A. van der Heijden, N. F. van Manen, C. L. B. Kocken. *Publiek Private Samenwerking. Risico's en regulering.* Den Haag（Ministerie van Volkshuisvesing, Ruimtelijke Ordening en Milieubeheer）, 2000. p. 42.

❷ 例如：G. Wigmans, I. Bruil, F. Hobma. Thematische evaluatie. In：Bruil et al（2004）.

❸ W. J. H. Koster. De BV/CV en het wetsvoorstel personenvennootschappen；Leidt het wetsvoorstel tot het einde van de publiek – private samenwerking（PPS）in de vorm van een BV/CV? *Bouwrecht*, no. 8, augustus 2005.

制定。该协议至少应该与开发商对在开发区域的市政服务设施（如基础设施和排水系统）支付的开发捐赠有关。在通常情况下，该协议会进一步延伸并涉及在待开发土地上所要实现的项目计划。❶ 当协议签订后，市政府会修改其土地利用规划。

5.8.2　开发控制规划

如前文所述，开发商需要市政府进行公法合作。然而，另一方面，市政府也需要开发商。有时，私主体会认为土地利用规划中的开发项目没有市场前景，因此不愿意为该项目申请环境许可证，导致土地利用规划无法实施，而无法实施的规划本身也没有什么价值。在这种情况下，必须重复强调，土地所有者没有义务实施土地利用规划。市议会通过的土地利用规划并不能保证预期的（城市）开发项目能够全部实现。毕竟，土地利用规划原则上仅仅具有许可规划（permission plan，荷兰语：toelatingsplan）的特征，即给予建设许可，而不具有实施规划（implementation plan，荷兰语：uitvoeringsplan）的特征。土地所有者没有义务实施该规划，也就是说，他们没有义务实现规划指定的土地利用目的。土地利用规划主要是对在一块特定区域内可以允许的开发进行指示的规划。土地利用规划的制定并不能保证土地利用规划中的某一部分是否可以实现，以及在何时可以实现。这被称作开发控制规划原则（development control planning，荷兰语：toelatingsplanologie）。从开发控制规划原则来看，（土地利用）规划和项目实现（即规划实施）之间联系微弱。

案例

假设在土地利用规划的规划图件中，包括了一个明确要建设 100 幢家庭住宅的土地利用目的。这并不意味着这 100 幢房屋必须由有关的土地所有者建造。但可以明确的是，如果有关的土地所有者提交了一个建设新养猪场的环境许可证申请，那么该申请将被驳回。显然，在这个例子中，土地所有者的建设规划与土地利用规划是冲突的。

5.8.3　土地利用规划协议的内容和签订理由

如上所述，公共和私人主体彼此间相互需要以实现各自的利益；这往往会使他们缔结一个与为了实现预期的城市开发的土地利用规划有关的协议，即土地利用规划协议。土地利用规划协议通常是在市政府和开发商之间签订的一个更宏观的协议中的一部分。大部分情况下土地利用规划协议通常出现在"市政府的公法

❶ 有关合作伙伴协议的内容，详见本章第 5.7.3 节。

合作"部分。一般的顺序是,房地产开发商和市政府之间首先就土地利用规划的程序和(或)内容达成一项(私法)协议。在此之后,由市政府启动制定土地利用规划的(公法)程序。

在市议会制定土地利用规划之前,并非总是需要先签订一个土地利用规划协议。然而,在城市扩张或城市中心再开发等重大建设开发项目的情况下,这是很常见的。

土地利用规划协议是"与公法权力相关的协议(agreements pertaining to powers under public law,荷兰语:bevoegdhedenovereenkomsten)"中的一个例子。这些协议为政府对自身公法权力的限制。就协议本身而言,这是允许的。土地利用规划协议是市政府和私人组织就土地利用规划的制定程序和内容达成的协议。

例如,一个典型的土地利用规划协议会包含市长和市府参事(即市行政委员会)给予"将继续促进"项目实现的"政策保证"的一个条款。此外,市长和市行政委员会还会承诺,"会做一切服务于规划区土地利用规划制定的事,并尽可能在最短的期限内完成法律规定的程序"。甚至在有些协议中,市长和市府参事(市行政委员会)承诺"如果土地利用规划的程序因为具备充分的反对理由或者政府机构没有批准而终止,他们会考虑调整规划"。这种类型的协议主要规定的是土地利用规划的程序。

另一种土地利用规划协议涉及将要制定的土地利用规划的内容。在这种情况下,市政府和开发商就待开发区域的具体城市建制达成协议(如建设方案:建筑物的类型和数量),并将其列入该区域的总体规划中。由于总体规划不能作为授予环境许可证的法律依据,所以必须制定土地利用规划。由于各缔约方在总体规划中已经达成了一些共识,因此土地利用规划将会成为该总体规划的法律转换。土地利用规划协议证实了这一点。此外,在大多数情况下,土地利用规划的内容是由相关当事人共同成立的公私合营公司制定的。土地利用规划协议可包括以下内容。

"只要涉及开发区域,在与市政府密切磋商后,(公私合营)公司会努力使该地区的总体规划达到《空间规划法》中所述的土地利用规划(以一种粗略的最终规划的形式)的水平。"

土地利用规划协议签订的理由是,市政府的相对方(私人投资者,主要是开发商和投资商)会得到一个预先的保证,即市政府会努力支持来自公法视角下的投资。对市政府来说,该协议有助于土地利用规划更加切实可行。简言之,规划和实施之间的联系通过土地利用规划协议得到了加强。

5.8.4 土地利用规划协议的约束力

土地利用规划协议通常包含的是市政府关于做出努力的承诺(commitments

to make an effort, 荷兰语: inspanningsverplichting), 而非有关结果的承诺 (commitments relating to the outcome, 荷兰语: resultaatsverplichting)。事实上, 由于在有关土地利用规划的诉讼程序中国务委员会行政司法部的裁定不受市政府控制, 所以市政府很难对有关土地利用规划的结果做出完全承诺。

如上所述, 土地利用规划协议有助于加强私人投资与公共土地利用规划之间的联系。因此, 简单地说, 市政府只能对启动已约定内容的土地利用规划做出承诺。但是, 必须注意的是, 从法律的视角看, 土地利用规划协议并不强制市议会制定一个与协议一致的土地利用规划。在这方面, 很重要的一点是, 土地利用规划协议通常是由市行政委员会, 而不是由市议会签订的。市议会本身也有制定符合 "良好空间规划" 的土地利用规划独立公法责任。市政府确实必须将该协议考虑在内, 但市议会也有可能制定一个背离该协议的土地利用规划。无论与市长及市行政委员会签订的 (私法) 协议是否会在由市议会制定的 (公法) 土地利用规划上体现, 私主体都不会陷于一个完全不确定的处境之中。的确, 有法学研究者指出, 市议会在做出制定一项与协议相违背的土地利用规划的决定时必须具有充分的理由。❶

5.8.5 第三方的立场

在不贬损土地利用规划协议积极方面 (有助于切实可行的土地利用规划的实现) 的情况下, 可以对政府机构利用私法的这一形式提出若干批判性的法律评论。❷ 从本质上说, 这涉及市政府的利益冲突问题。政府一方面是私法协议中的一方当事人, 同时又是在公法上制定土地利用规划的主管机关。这可能会产生一些问题。其中最重要的可能是相关第三方的立场问题。

需要提出的是, 一旦政府签订了这样一项协议, 那它就不再是公正的, 因为它不能再自由做出选择。例如, 政府无法就第三方提出的选择方案进行自由选择。❸

更具体地说, 这与第三方当事人 (比如居住在规划项目附近的居民, 或者是

---

❶ 例子参见: Afdeling bestuursrechtspraak van de Raad van State, 26 maart 2014, nr. 201302107/1/R2, ECLI: NL: RVS: 2014: 1052, *Bouwrecht*, 2014/77。

❷ 例子参见: F. A. M. Hobma. Publiek – Private Samenwerking als vorm van governance; enkele staatsrechtelijke kanttekeningen. In: Heldeweg M. A. ed. *Rechtsvorming en Governance*. Alpen aan den Rijn (Kluwer), 2006。

❸ W. H. M. A. Pluimakers. De wetgever en besluitvormingsprocedures over grote projecten. In: A. Driesprong, M. V. van Ginkel, H. G. Heegstra, W. H. M. A. Pluimakers. *Lex aquarum, Liber amicorum: opstellen over waterstaat, waterstaatswetgeving en wetgeving, opgedragen aan mr. J. H. A. Teulings*. Den Haag (Ministerie van Verkeer en Waterstaat), 2000.

一个环境利益团体）的立场有关。在这样的背景下，需指出的是，不能再以开放的心态对土地利用规划预案的公共参与意见（public participation responses，荷兰语：inspraakreacties）进行评估。❶

这同样适用于与有关第三方当事人提交给市议会的土地利用规划草案相关的意见（views，荷兰语：zienswijzen）。从形式上来说，市议会能够自由地接受反对土地利用规划草案的意见，至少如果我们假定土地利用规划协议本质上是市政府要做出努力的一项承诺。但实质上，情况可能是完全不同的。鉴于市议会与私主体先前就土地利用规划达成的协议，可以想象市议会更倾向于拒绝这些反对意见。布雷格曼（Bregman）等人对这种情况进行了说明："在此方面，如果有第三方提出异议，市政府实际上不能够再客观地衡量各种利弊；它已经在与私人合作伙伴的谈判过程中对各种利弊做了衡量。"❷

上述评论并不表明市政机构不应该对具体的城市开发项目有自己的明确意见。问题在于，它是否（形式上及实质上）仍然具有充分的和与开发商在先前阶段签订的协议中观点偏离的自由。

5.9 开发规划

本章描述了各种不同的私法规划法律手段。其中一些已经使用了很长时间，特别是购买、出售和租赁土地。然而，上述提及的公私伙伴关系（即合伙协议和土地开发公司等）的使用历史较短。❸ 我们可以称之为"现代的"私法规划法律手段。这些现代私法规划法律手段的利用与开发规划（development planning，荷兰语：ontwikkelingsplanologie）的大背景非常契合。

"开发规划"由政府政策科学委员会（the Scientific Council for Government Policy，荷兰语：Wetenschappelijke Raad voor het Regeringsbeleid）提上议程。在1998年的一份报告中委员会注意到，空间规划和空间投资之间联系的缺乏。❹ 委员会观察到，在理念的规划和融资之间存在分离。这削弱了政府政策的有效性。政府政策科学委员会强调了"实施既定规划的义务：当政府为某一特定区域制定

---

❶ Pluimakers（2000）.

❷ A. G. Bregman, R. W. J. J. de Win. *Publiek – private samenwerking bij de ruimtelijke inrichting en haar exploitatie*. Bouwrecht Monografieën no. 26. Deventer（Kluwer），2005. p. 97.

❸ 显然，它们在 20 世纪 70 年代也被使用，尽管与过去大约 15～20 年中这些提及的手段的巨大扩张相比，它们的使用范围是有限的。

❹ Wetenschappelijke Raad voor het Regeringsbeleid. *Ruimtelijke Ontwikkelingspolitiek*. Den Haag（Sdu Uitgevers），1998.

规划时，必须要产生相应的结果。"❶

荷兰内阁采纳了这一观点。2002 年时，荷兰开始实施"侧重于开发的动态空间政策"。❷ 这项政策的目标是提高空间政策的实施效果。

> "一方面，政府没有足够的手段来资助空间规划的实施。另一方面，过于僵化的空间规划给分权的政府、市场主体和社会组织主动实施开发项目预留的空间太小。动态空间开发政策主要在以下几点区别于当前的实践：
>
> ●各级政府、社会组织和市场主体围绕一个地区的空间开发方面开展密切和早期的合作；
>
> ●联合制定规划质量目标，之后在有相关方之间逐步达成协议；
>
> ●可以开发和执行相互连接的不同项目的地区。"

由此，空间规则原则开始朝"互补"的方向改变。除了传统的开发控制规划（参见本章第 5.8.2 节）之外，新的开发规划原则得到普及。在开发规划中，政府不仅仅像在开发控制规划中一样制定空间规划，而会采取更进一步的行动。开发规划的目的是实现空间规划，特别是土地利用规划（主要是政府领域）与空间投资（主要是私主体领域）之间的联系。

开发规划并不对规划和实施进行区分，恰恰相反，它将规划和空间投资（的协议）结合起来。这意味着，与公共规划和私人投资之间关联甚微的"开发控制规划"相反，在开发规划中，私主体积极参与到了规划的过程之中。规划因此实现了从政府内部活动向创建一个社会联盟的转变。规划的可行性也提高了。拥有投资权利（即财富）的私主体可以接触到市政规划。作为交换，政府需要做出与私主体联合制定规划的承诺。

从法律角度看，开发规划与政府越来越多地使用私法有关。更具体地说，公私合作伙伴关系通常要求公共机构要根据与公权力有关的私法行事。

---

❶ Wetenschappelijke Raad voor het Regeringsbeleid (1998). p. 152.

❷ Ministerie van VROM. *Stellingnamebrief Nationaal Ruimtelijk Beleid*, 2002.

第 **6** 章 基础设施规划法

6.1 欧盟法对基础设施规划程序的影响

在本章中，"基础设施"包括：国家高速公路、国家铁路和国家水道。基础设施具有巨大的经济意义，它也会产生重要的空间和环境影响，例如噪音污染、空气污染，以及对自然生态的破坏等。基础设施的正面经济效应通常会在某一地区周边扩散，但负面的空间和环境影响却经常只限于当地。这种不对等的收益和损害空间分配也往往成为基础设施建设决策中支持者和反对者之间意见相左的原因之一。法律程序在引导基础设施建设的决策上发挥了重要的作用。法律程序有以下几个重要特征，这些法律程序应该会带来以下结果：①一个能在合理的时间框架内做出的决策；②已经对所有相关的利益进行了确认和衡量；③受到影响的主体都已经参与到决策过程当中。

到目前为止，还没有关于基础设施规划程序这一主题的欧盟指令。尽管在建基础设施的规划程序方面还没有具体的指令——我们因此也发现各成员国之间在基础设施规划程序规定方面的巨大差异——但所有的国家层面程序都受到欧盟环境指令的巨大影响。其中最相关的指令是：

——环境影响评价指令。用于项目评估。

——战略环境评价指令。用于规划和项目评估。

——鸟类指令。

——栖息地指令。

——水资源框架指令。用于对水体存在潜在危险的基础设施。

欧盟各个成员国都必须遵循这些指令。在荷兰，环境影响评估与《基础设施规划法（The Infrastructure Planning Act，荷兰语：Tracéwet）》中规定的基础设施规划的法定程序是紧密结合的。（欧盟）环境指令对有关基础设施建设的决策会产生程序上和（可能情况下）实质上的影响。首先，如上所述，国家级的基础设施规划程序（procedures）必须遵循欧盟的各项指令；其次，欧盟环境指令可能会对项目产生实质性（substantive）影响。例如：①涵盖不同选择的强制性环境评估；②与受项目影响的人口进行磋商。这些都可能会影响一个预期项目的路线选择。

6.2　基础设施建设决策程序的加速

值得注意的是，在许多欧洲国家，政府都意识到了加快基础设施建设决策程序的必要性。许多国家的政府都认为基础设施建设决策耗费了太多时间，而新的立法有助于解决这一问题。

德国在西德和东德统一（1990 年）之后进行了新的立法，以加快该决策程序。因为需要在之前的民主德国（东德）地区进行新的基础设施建设，所以就制定了新的立法，但它只适用于新的东德地区。后来，新的法律宣布，一系列旨在加快决策进程的措施适用于统一后的德意志联邦共和国。❶

在英国，《爱丁顿交通研究（The Eddington Transport Study）（2006）》中指出，主要交通系统的规划体系"几十年来的发展表明，它会给所有的参与者施加不可接受的成本、不确定性，以及各种延迟"。❷ 这份报告推动了旨在改善英国基础设施规划的法规，即《规划法（2008 年）（the Planning Act 2008）》的制定。

比利时的贝尔委员会（the commission – Berx）（2010）曾被佛兰德政府（the Flemish government）要求做出有关打破大型基础设施项目上决策迟缓局面的提议。在它的报告中，该委员会建议对现行法律体系做出多项修改。❸

几十年来，荷兰关于加快国家基础设施项目决策过程的争论持续不断。❹ 1994 年这一争论推动了一部全新的关于基础设施决策的法案，即 1994 年《基础设施规划法》的出台。然而，即使在该新法实施之后，实践中对于一个更好、更快的决策程序的需求依然存在。政府指派了埃尔弗丁委员会（the commission – Elverding）（2008）并向其咨询对这一问题的建议。该委员会在其报告中总结说，基于 1994 年《基础设施规划法》的现有决策过程存在诸多低效率之处。❺ 埃尔弗丁委员会认为，导致决策程序冗长的部分原因并不是法律方面的，还包括诸如在项目管理上的缺陷等方面的原因。这些因素并不能通过法律措施来解决。但是

---

❶ Ch. W. Backs, E. Chevalier, A. M. L. Jansen, M. E. Eliantonio, M. A. Poortinga, R. J. G. H. Seerden. *Snellere besluitvorming over complexe projecten vergelijkend bekeken.* Kamerstukken II (2009), 31731, nr. 5, p. 48.

❷ Sir Rod Eddington. *The Eddington Transport Study. The case for action: Sir Rod Eddington's advice to government.* Norwich (Her Majesty's Stationary Office), 2006. p. 56.

❸ Commissie Investeringsprojecten (commissie – Berx). *Naar een snellere en betere besluitvorming over complexe projecten,* 2010.

❹ 针对该争论的一个概述，参见：F. A. M. Hobma. *Rijkswegen en ruimtelijke ordening. Planologische inpassing van rijkswegtracés door Nederlandse gemeenten.* Delft (Eburon), 2000. p. 17 et seq（第 17 页及以下）。

❺ Commissie – Elverding. *Sneller en beter. Advies van de Commissie Versnelling besluitvorming infrastructurele projecten,* 2008.

其他的一些因素的确是可以通过法律措施解决的，比如对有权针对政府的基础设施决策向法院提起诉讼的当事人的法律限制（即缩减具有法律地位的当事人的范围）。委员会提出了一些重要的立法改革措施并被荷兰政府采纳。这也促使荷兰在 2012 年 1 月修订并生效的《基础设施规划法》中制定了针对基础设施项目的新规定。

6.3 《基础设施规划法》

在有关新基础设施的规划领域中，最重要的荷兰法律当属《基础设施规划法》。它的效力范围仅限于全国性的基础设施，即新的国家高速公路、国家铁路和国家水道的规划。《基础设施规划法》（简称 IPA）不仅仅与新建基础设施相关，也涉及现存国家基础设施的改进。负责基础设施建设的部长用这部法律来指导全国基础设施的规划。然而，正如下文将要展开解释的那样，较低层级的政府机构（尤其是市政府机构）以及相关利益主体（比如市民和环境利益团体）也有可能通过法律方式影响决策过程。

《基础设施规划法》将《环境管理法》与《空间规划法（The Spatial Planning Act, 荷兰语：Wet ruimtelijke ordening)》中的相关内容进行了整合。因此，新建国家基础设施的规划与环境法律和空间规划法律的组成部分相互交织在一起。接下来的几节内容中对有关程序的概括并没有明确提及应当何时拟定一份环境影响报告（Environmental Impact Statement, 荷兰语：Milieueffectrapport)（简称 EIS）这一内容。这是因为有些基础设施建设活动需要 EIS，但其他则不需要。不是所有的基础设施的改进都需要 EIS。关于是否需要 EIS，并不是由《基础设施规划法》规定的，而是由《环境管理法》（更准确地说是《环境评价法令 (the Environmental Assessment Decree))》做出规定。然而，在实践中，属于《基础设施规划法》规制范围的绝大多数活动都不需要拟定 EIS。因而，也不可能预先在 EIS 与《基础设施规划法》规定程序中的一个特定步骤之间建立一个固定的关系。所以，在下文的综述中并没有对 EIS 的可能要求进行阐释。

下一节将对基础设施建设规划程序的内容进行更具体的阐述。

6.4 新建基础设施与现有基础设施改进的规划程序

表6.1 显示了两种可替代性程序的具体步骤，包括一个完整程序和一个缩短程序。从对这些连续步骤的讨论当中，可以明确两种程序之间的差别。下文将会对完整程序的每一个步骤进行详细的说明。

表 6.1　国家基础设施规划的完整程序与缩短程序

国家基础设施规划的完整程序	国家基础设施规划的缩短程序
1. 程序启动	1. 程序启动
2. 调研阶段	2. 调研阶段
3. 起草建设愿景	
4. 对建设愿景草案进行公示	
5. 建设愿景	
6. 偏好决定	
7. 轨迹规划决定草案	3. 轨迹规划决定草案
8. 对轨迹规划决定草案进行公示	4. 对轨迹规划决定草案进行公示
9. 轨迹规划决定	5. 轨迹规划决定
10. 向国务委员会提起诉讼	6. 向国务委员会提起诉讼
11. 协调的许可证程序	7. 协调的许可证程序
12. 向国务委员会提起诉讼	8. 向国务委员会提起诉讼
13. 建设与施工	9. 建设与施工
14. 评估审查	10. 评估审查

6.4.1　程序启动

对某个有关基础设施的问题进行调研的决定是由基础设施和环境部部长做出的。这一探查可能是关于一个现存的基础设施问题，也可能是一个将来会被预见到的问题（《基础设施规划法》第 2 条）。

每个程序启动的决定都包括以下内容：

1）对被探查地区的描述。

2）对待探查问题性质的描述，以及对该地区相关开发情况的描述。该地区相关的空间开发情况可能来自于其他政府机构。例如，当地市政府可能对该地区做出了城市扩张的规划。

3）市民、社会组织、相关的政府机构，以及国家铁路的管理者（如果合适的话）在探查工作中的参与方式。

4）对该问题的探查期限以及进行探查的方式。

程序启动的决定是一个开启程序的政治和行政决定。没有人能够反对该决定，也无法对其提起诉讼。

6.4.2　调研阶段

《基础设施规划法》规定，在调研阶段，部长将会收集"有关该问题本质的必要性知识和见解"（《基础设施规划法》第 3 条）。

调研阶段的目的在于，弄清问题的本质和范围是什么，并列出合适的解决方案。该阶段获得的信息对于确定问题和寻找可能的解决方案而言就是十分重要的。部分工作是通过咨询磋商完成的，也有部分是通过报告方式完成的。其目的也是为了扩大公众对项目的支持。

从逻辑上讲，在调研阶段，有关基础设施的问题会进行调研。这是通过科学研究以及来自社会不同部门的参与者（意见和建议）的投入完成的。正因为如此，使用的其中一项重要工具就是政策分析，尤其是社会的成本－收益分析。合适的解决方案会根据其对可达性、安全性、环境质量等方面的影响进行考量。通过这种方式，就能够区分出可行的和不可行的解决方案。简而言之，在调研阶段，会对有关某一基础设施问题的解决方案的效益和必要性（benefits and necessity，荷兰语：nut en noodzaak）进行充分研究。

6.4.3 起草建设愿景

在某些情况下，程序的启动会包括一个建设愿景（structure vision）的制定过程。这是当部长考虑通过新建一条国家高速公路、国家铁路或者国家水道来解决基础设施问题时需要制定的。当部长考虑在现有高速公路上新增两条以上车道，或者在现有国家铁路上新建两条以上铁轨时也需要制定一个建设愿景（《基础设施规划法》第 2 条第 4 款）。在决定必须制定一个建设愿景时，并不能确定新的基础设施或者对现有基础设施的重大变动一定会实施。部长只需要把这一点纳入考虑。当建设愿景成熟之后，部长就会更加清楚；他会通过"偏好决定"（见下文）表达自己的想法和偏好。在《基础设施规划法》框架内制定的建设愿景，就是《空间规划法》中规定的建设愿景。这已经在第 4 章第 4.15 节讨论过了。

为基础设施建设决策制定一个建设愿景（作为《空间规划法》中的一种工具）背后的理念如下。新的基础设施建设或者是对现有国家基础设施的扩展，会对空间产生很大的影响，因此需要使其与该地区的其他空间开发项目相协调。在此方面一个合适的规划就是《空间规划法》中的建设愿景。

根据上文的阐述，并不是所有的基础设施决策都需要制定一个建设愿景。建设愿景在构成重大变动的情况下是必需的，比如新的国家基础设施建设，或者是对现有国家基础设施的重大修缮（如在现有高速公路上新增两条车道，或者在国家铁路上新建两条铁轨）。在其他较小规模变动的情况下，例如，将交叉路更换为立交桥时，就不需要制定建设愿景。因此，只有当考虑建设会产生重大空间影响的基础设施建设时才需要遵循规划的完整程序。在建设活动只会引起较小的空间影响的情况下，遵循缩短程序即可。同样地，如果没有空间选择的自由，也只需遵循缩短程序即可。例如在现有高速公路上新增一个车道，即"没有空间选择自由"的情况，该新增车道的位置取决于已有车道的现状和位置。在这类情况下，就不需要像在完整程序中一样，对存在的选择进行全面的研究。

如果不需要建设愿景，那么就遵循所谓的"缩短程序"。与必须拟定建设愿景的程序相比，该程序包含的步骤数量更少一些。实际上，如果适用的是缩短程序，那么在调研阶段（第 2 步）获得的结果会在轨迹规划决定草案环节得到直接处理。

《基础设施规划法》第 4 条对在国家基础设施体系内制定的建设愿景的内容进行了解释。具体包含以下内容：

1）已经实施的探查活动得出的结果。

2）对市民、社会组织、相关的政府机构，以及国家铁路的管理者（如果合适的话）在探查工作中的参与方式以及探查结果的描述。

3）部长偏好的解决方案，包括他偏好该种方案的动机。

6.4.4　对建设愿景草案进行公示

当建设愿景的草案完成以后，每个人都有机会提出他的意见（《基础设施规划法》第 6 条）。对草案进行公示后，其会得到许多公众意见，部长也有机会在建设愿景的最终定稿中反映这些意见。

6.4.5　建设愿景

在建设愿景中，相关人员会对合适的解决方案进行审查，并汇报它们将会产生的环境影响。建设愿景中包括环境影响报告的内容，而根据欧洲环境法的规定，环境影响报告对很多基础设施项目来说是必需的。

如果建设愿景的最终版本已经确定，它会被提交给议会第二议院（众议院）、相关（省、市）政府机构，以及（如果合适的话）国家铁路的管理者手中（《基础设施规划法》第 7 条）。紧接着，议会会对建设愿景进行讨论。它也很有可能会在相关的省、市议会进行讨论。这使得建设愿景进入政治领域的范畴。部长的"偏好决定"（见下文所述）也是建设愿景的一部分。而且该决定也会引起特别的关注。议会第二议院的议员们有权决定是否要和部长对这一问题进行讨论。为此，议员们此时可以使用他们提出动议（propose a motion，荷兰语：motie indienen）的权力。

通常对一条新高速公路的建设，社会上会有支持和（强烈）反对的声音。在大多数情况下，市民或者一些特殊利益团体，例如环保主义者，会提出一些与部长的偏好决定相冲突的解决基础设施问题的替代方法。理所当然地，他们也会向议会第二议院或者市议会的议员们施压，以期大部分的民选代表能够支持他们的替代方法，或者拒绝部长的偏好决定。或者至少他们的目标是促使议员们向部长提出一些批判性问题，以使部长做更进一步的研究，而这可能会让他们的替代方法处于更加有利的位置，或者说是削弱了部长的偏好决定。

6.4.6 偏好决定

建设愿景不会以一个中立的方式结束，它需要表达部长的偏好决定，也就是部长想要用来解决问题的方案。部长会支持自己所偏好的决定。但这一偏好决定并不必然是最终被实现的决定，因为对于新建基础设施的规划程序还包括后续很多步骤。

偏好决定可以是（《基础设施规划法》第5条第1款）：

1）一条国家高速公路、铁路或者水道的新建或者改进。

2）一个不需要新建或者改进国家高速公路、铁路或者水道解决方案。这样的解决方案可能是交通管理。

3）1）和2）两种方法的结合，其中包括了其他建设项目的实施。

4）不会对任何解决方法进行阐释。这意味着部长认为实际上并不存在需要去解决的问题。

如果部长偏好的决定是新建一项基础设施或者在已有的基础设施上进行重大改进，那么建设愿景必须还要包括其他一些细节，例如（《基础设施规划法》第5条第2款）：

——对自然造成的损害如何赔偿。

——详细的地图。

——将要修建的车道或者铁轨的数量。

——必须要遵守的可产生噪声的最高限度。

——成本估算以及对经济可行性的证实。

6.4.7 轨迹规划决定草案

在某一特定的时刻，何种解决基础设施问题的方法能够得以实施已经变得明确。它是部长偏好决定中选择的方法，或者是从众议院的讨论中得到的解决方法。选定的解决方案将被纳入轨迹规划决定草案（draft track decision，荷兰语：ontwerp – tracébesluit）之中。省、市政府以及水务机关都会参与到该草案的制定过程中（《基础设施规划法》第11条第2款）。

通常，轨迹规划决定草案还会包括拟定环境影响报告的内容。这意味着，提议的基础设施建设活动所可能造成的环境影响会提前并详细告知。

轨迹规划决定草案包含了许多具体内容，比如：

——需要采取的基础设施建设措施，包括比如噪声屏障的修建。

——对自然环境造成损害的补偿措施，比如为小型动物建立生态通道或者是重新种植植物等。

——高速公路、铁路、水道等的安全措施。

——详细的地图（比例尺至少为 1∶2500）。

——车道（如果是高速公路的话）或者是铁轨的数量。

——需要考虑产生噪声的最高限度。

6.4.8　对轨迹规划决定草案进行公示

由于这是一个草案，所以不仅涉及的市政部门，还有个人、组织以及特殊利益团体都可以对该轨迹规划决定草案提出自己的意见。通常，会有一些反对该基础设施建设的意见。这些意见都会提交给部长。《基础设施规划法》明确规定了"每个人"都可以对草案提出意见（第 11 条第 1 款）。

6.4.9　轨迹规划决定

在对这些公众意见进行评定之后，部长最终会决定需要进行的基础设施建设项目的细节。这便是轨迹规划决定（tract decision，荷兰语：tracébesluit）。其包含的具体内容与轨迹规划决定草案的内容相似。

轨迹规划决定具有特殊的规划地位。事实上，轨迹规划决定可以"凌驾于"当地的土地利用规划之上。这在市政府不同意选定的基础设施问题的解决方案，但还没有修正当地的土地利用规划以便该基础设施建设活动的情形下是很重要的。原则上，只要土地利用规划还没有修改，建设活动，比如新建一条高速公路，就是不可能进行的。的确，因为某些建设活动会与当地的土地利用规划相冲突，因而其没有资格申请环境许可证。为了避免这种情形的发生，轨迹规划决定直接对地方土地利用规划进行了干预。如果轨迹规划决定与地方土地利用规划不一致，那么轨迹规划决定可以算作是一项偏离土地利用规划的决定（《基础设施规划法》第 13 条第 4 款）。因此，市行政机构不能以当地的土地利用规划为由来阻碍基础设施建设活动的进行。

6.4.10　向国务委员会提起诉讼

已经在前面几个阶段做出过回应的相关利益主体（例如环境利益团体），或者是有利益关系的市民，可以针对部长做出的轨迹规划决定向国务委员会行政司法部提起诉讼。国务委员会有权力判决部长的轨迹规划决定无效。司法审查的范围与对通过土地利用规划决定的审查范围是一样的（参见第4章第4.8.3节）。因此，如果部长的决定与法律相违背，那么国务委员会就会判决该决定无效。也就是说，如果该决定违背了现行法律、行政法规、欧洲法，以及国际条约的规定的话，那么该决定就会被判定为无效。另一项可以判决无效的理由是，该决定与不成文的"适当行政的一般原则"，比如"平等对待原则"相冲突。从这些判决的理由可以看出，对轨迹规划决定的审查主要根据的是其法律特性。国务委员会不会对轨迹规划决定是否反映了正确的政策进行判断。但是，部长的决定必须经受住"对利益进行适当权衡（proper weigh of interests，荷兰语：behoorlijke belangenafweging）"的考验。相关的利益不能被简单地忽略掉。

上文所总结的可能引起决定无效的理由为行政机关（此处是指基础设施和环境部部长）留下了一个很大的判断余地（margin of appreciation）。也就是说，部长会有一个很大的操作空间，因为法院不会对轨迹规划决定是否体现了正确的政策做出判决。法院的裁决反映了这一个宽泛的判断余地，这从下面的例子中可以反映出来。

"为了驳倒部长所做的轨迹规划决定的合法性，仅仅指出存在其他可接受的解决方法是不够的，起诉人必须就部长的选择缺少合理的法律理由做出令人信服的论证。"❶

正如上文所解释的，特殊利益团体和市民至少有提起诉讼的权利，如果他们能被认定为"相关利益主体"的话。然而，市政府在涉及《基础设施规划法》中有关国家基础设施决定的情况下，却并不具有法律地位。这在《危机与复苏法（The Crisis and Recovery Act，荷兰语：Crisisen herstelwet）》（第1.4条）中有明确的规定。这一规定的目的在于加快决策进程。过去，在《危机与复苏法》生效之前，地方政府经常会针对轨迹规划决定向国务委员会提起诉讼。但是现在，相关立法要求，政府的分支机构（此处指部长和市行政机构）不能就此向法院提起诉讼，而应该通过协商的方式消除之间的分歧。

另外，国务委员会必须在6个月的时间内做出裁决（《危机与复苏法》第1.6条第4款），这是另一种加快决策进程的方式。

6.4.11 协调的许可证程序

在没有主体对部长的轨迹规划决定提起诉讼，或者在起诉被驳回的情况下，

❶ Afdeling bestuursrechtspraak Raad van State, 6 juli 2011, 201009980/1/M2, ECLI：NL：RVS：2011：BR0472.

该决定即为最终决定。这意味着该轨迹规划决定不可被推翻了。但是，轨迹规划决定只涉及基础设施建设的空间规划方面，比如确切的位置、与其他道路的连接、景观美化、空间维度和高度等。除了轨迹规划决定之外，各类建设活动都需要申请许可证。以在一条新的高速公路上新建一座桥为例。荷兰公共工程与水务管理局（Rijkswaterstaat）需要从市政府获取一个"建设工程环境许可证"来修建该桥梁。❶ 市政府将会按照常规的审查依据对桥梁的设计进行审查。这些审查依据包括了《建筑法令》中大量的技术要求规定（参见本书第 3 章）。由于基础设施的建设通常需要多项许可证，其会通过一个协调程序来获得这些许可证（《基础设施规划法》第 20 条）。实质上，这意味着这些许可证被打包在一起了。不同的许可证将会遵循一个完全相同的预备程序。这会加快许可证授予程序的速度。如果市政府拒绝授予一项必需的许可证，则相关部门的部长有权做出一个有利于许可证申请的决定来取代市政府的决定（《基础设施规划法》第 20 条第 6 款）。

6.4.12　向国务委员会提起诉讼

对向一项新基础设施建设项目授予许可证的决定可以提起诉讼。相关利益主体有权对此向国务委员会提起诉讼，但其起诉的理由是受限制的。《基础设施规划法》第 20 条第 11 款明确规定，如果申请的许可证的主题可以在轨迹规划决定中找到依据，那么相关主体不能就该主题的许可证授予决定提起诉讼。所以，在对许可证授予决定提起的诉讼中，不能再对有关空间规划的问题进行讨论，因为这些问题已经在针对轨迹规划决定提起的诉讼中被处理过了。然而，对例如在新高速公路上新建桥梁的外观问题等方面则要例外对待，因为它没有在轨迹规划决定的框架内被讨论过。

6.4.13　建设与施工

在被授予许可证之后，建设活动就可以开始了。建设活动完成后，新的基础设施就可以投入使用。当然，在建设活动开始之前，政府必须首先获得需要的土地。

6.4.14　评估审查

每项轨迹规划决定都会规定一个"部长应当对即将投入使用的新建或者改进道路、铁路或者水道所产生的影响进行评估"的期限（《基础设施规划法》第 10

---

❶ 公共工程与水务管理局（Rijkswaterstaat）是荷兰基础设施与环保部的一部分，负责荷兰主要基础设施的设计、建设、管理和维护。

条第 1 款)。除了对该期限的规定，轨迹规划决定还需要描述哪些方面环境影响会被评估。最有可能会在轨迹规划决定中被提及的就是"空气质量"和"噪声危害"。因此，在新基础设施投入使用一段时间后，就会对环境影响进行评估，这被称为评估审查（evaluation test，荷兰语：opleveringstoets）。该审查在《基础设施规划法》第 23 条中有明确的法律依据。根据第 23 条的规定，如果预期产生的影响与实际情况一致的话，则必须评估。因为评估结果有可能会揭示出基础设施的使用对环境产生的影响比预期的更加严重。如果是这样的情况，部长将会提供一份必须满足环境要求的（补充）措施的描述文件。此外，他还需要明确这些措施得以实现的期限限制。可见，评估审查的目的在于确保即使在基础设施项目完工后，如果出现没有满足所有环境要求的情况，也会有相应的措施进行补救。

关于这项评估审查，居民和环境方面的特殊利益团体会处于一个相对被动（甚至可以说是弱势）的位置。他们不能够针对一个已经完成的评估审查结果向行政法院提起诉讼。所以，也不可能由法官对采取的补充措施的质量进行评估。同样地，法官也不可能对采取补充措施的时间限制进行评估。

6.5 三种权力领域内的基础设施决策

上文所讨论的规划程序表明，基础设施建设的决策实际上会在三种"权力领域"内发生，它们分别是：

——行政。

——政治。

——司法。

在由基础设施和环境部部长提出基础设施项目建设之前，每一个领域的权力都必须对该基础设施的建设做出一项积极的决定。假设其中的一个或者两个领域内的权力对新建基础设施建设项目做出了积极（支持）决定，但是第三个领域权力做出了否定的决定，那在这种情形下是不能开始建设活动的。在其中一个领域内的权力做出否定决定时，相当于决策过程出现了"漏洞"，因此决策过程需要回到之前的阶段。三个领域的权力划分（至少部分）解释了为什么基础设施的决策程序耗时如此之长。

基础设施建设决策程序的另一个特征是，每个不同的权力领域内都由不同的主体占主导地位。此外，其中的每一个主体在各自的权力领域内都有"各自的"特定法律手段来引导决策过程（表 6.2）。各自使用的不同法律手段在上文已经讨论过了。

表 6.2　基础设施建设决策过程中的权力领域

领域	主导的主体	法律手段
行政	基础设施和环境部部长	轨迹规划决定
政治	议会第二议院（众议院）	动议
司法	国务委员会行政司法部	司法审查

　　不同的权力领域间并不是完全独立，而是相互联系的。对于这些联系是如何形成的，可以参见图 6.1。该图以框架的形式展现了决策形成的每个步骤，以及不同权力领域间的联系（图 6.1 并没有包含所有的步骤）。我们可以看到，这些步骤分布在不同的权力领域内。

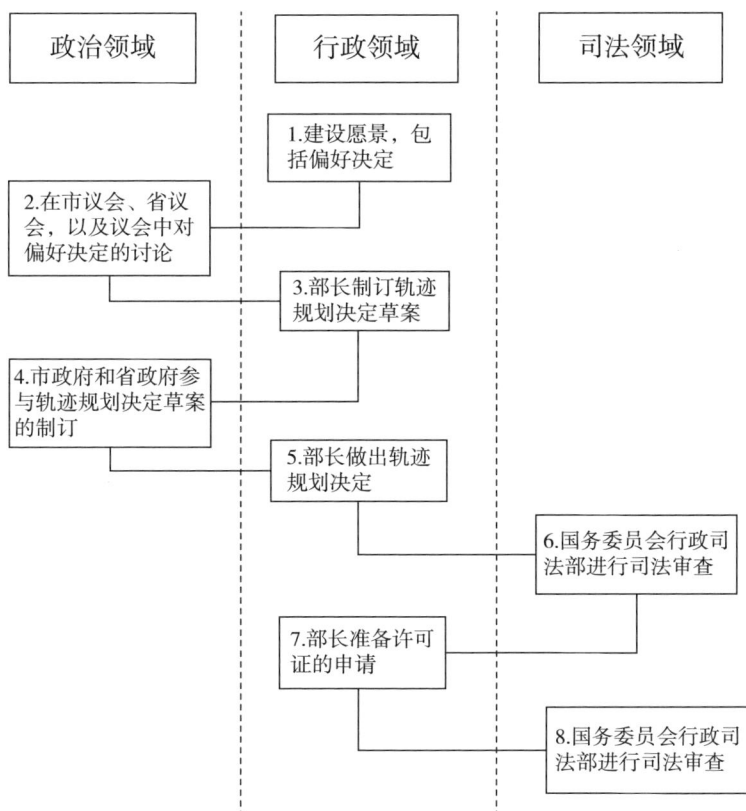

图 6.1　基础设施建设决策过程中相互关联的权力领域

第 **7** 章 空间规划环境方面的研究义务

7.1 引言

7.1.1 各种研究义务

本章介绍了有关空间规划环境方面的各种研究义务。"研究义务（research obligations）"是指在采用某空间规划之前，必须对具体主题开展的研究。对噪声、历史遗迹等方面的研究有助于保护环境和公众利益。具体的地块及其周边环境决定了必须考虑的环境因素。例如，如果项目当地的土壤被污染了，那么必须进行全面的土壤研究。无论该地区的具体特征如何，负责制定新空间规划的主管部门在做出最终决定之前，必须考虑所有相关的事实以及各方利益相关者的利益。研究的详细程度也取决于具体的环境条件，以及具体的环境标准和要求的特点。例如，在政府的指导性文件（"伪立法"）中规定的环境标准就不如欧盟指令中严格的环境要求权威。

表 7.1 总结了有关环境研究的义务、标准和要求等一些要点。

表 7.1　一些环境研究义务的粗略分类

序号	类别	例子	例子
1	一般性与具体性	一般性： ● 相关的事实和利益（《行政法通则》），例如在一个特殊的自然保护区域内 ● 可行性（《空间规划法令》） ● 环境评价（《环境管理法》）	具体性： ● 噪声危害 ● 空气质量 ● 外部安全 ● 土壤评估 ● 水体评估 ● 自然保护区 ● 考古价值评估
2	法律标准与指导文件中的指导性标准	法律标准： 例如：关于排水的定性和定量标准（《欧盟水框架指令》的实施）	指导性标准： 例如：（荷兰城市自治协会的）分区间隔的绿色手册

序号	类别	例子	例子
3	制定法中的标准与主管机关的细化标准	制定法中的标准： 城市地区公路沿线的隔音带、铁路沿线的隔音带	主管机关在土地利用规划中的细化标准： 当地土地利用规划中工业园区周边的隔音带
4	灵活的与严格的环境标准	灵活的环境标准： 欧盟委员会（EC）的噪声标准	严格的环境标准： 欧盟委员会（EC）的空气质量标准（PM10 和 NO_2）

7.1.2　空间规划制定前、后的研究

在某些情况下，主管部门可能会将一些研究推迟到实现土地利用规划之后。例如，关于公共空间的技术性细节的研究。很明显，在土地利用规划的细化和实施阶段，也可能会发现新的情况。但是，上述提及的一般性法律要求规定，必须合理确定土地利用规划是可行的。

各项研究还需要确保法官不会裁决土地利用规划无效。在没有进行研究或者研究不充分情况下，行政法官可以认为空间规划的设计没有经过合理的考量，以及该设计不是基于适当和充分的理由而得到的决定。法院甚至可能会宣告该空间规划无效。这意味着主管部门不得不重新制定新的空间规划。法官判决规划无效的决定会造成巨大的成本浪费、时间损失和挫折感。

7.1.3　政府和私主体的研究

除行政机构（政府）外，私主体也可以进行有关规划和开发的环境方面的研究。❶ 如果一个市政府要制定新的土地利用规划，它就有义务收集所有相关情况，并对该地区的所有相关利益进行盘点。同样的义务也适用于制定新的空间规划的其他行政机构。

相关研究也有必要证明，有关具体项目的决定是认真制定的，而且这个项目是可行的。该项目的启动者有义务组织开展此项研究。有关的研究结果必须在官方要求获得的必要的许可证报告中加以规定。公民、公司、组织，或者行政机构（政府）均可以是项目的发起人。

---

❶ 本节内容的主要来源为：BRO. *Structurele vermindering van de onderzoekeslasten in het Omgevingsrecht. Eindrapportage.* Boxtel 2014，pages 5，6 and 11。参见：https://omgevingswet. pleio. nl/file/download/28496542。

（私人的或公共的）项目发起人的研究义务起源于"每个人"都应对环境负有责任心的一般义务（general duty of due care）。自 1994 年以来，《环境管理法》规定了以下对环境负有责任心的一般义务：

第 1.1a 条

1. 每个人都应当尽责地对待环境。

2. 第 1 款所指的责任心在任何情况下都意味着，任何已明确或有理由怀疑其作为或者不作为可能会对环境产生破坏性影响的人，都有义务避免此类行为，只要这个要求（即避免此类行为的发生）对他是合理的或者可以合理地要求他采取一切可能的措施以防止损害的产生，或者说如果这些影响没有办法避免的话，要做到使损害最小化或者矫正它们。

3. 第 1 款和第 2 款的规定不得影响《民法典》第 2 编第 1 条所指的民法责任，以及法人对此采取法律行动的权利。

这种对环境应尽的义务是"每个人"的责任。它也表明，项目的启动者有责任公开明确他的行为会产生的相关环境影响，以及他将采取哪些措施来遵守相关的环境标准。当有人违反该义务时，并不构成刑事犯罪。但是，不遵循该义务的人可能会受到行政和（或）民事法律措施的制裁。

7.1.4　研究范围的变化

需要进行研究的内容一方面是由规划项目活动决定的，另一方面是由项目区域决定的。有时，预期的开发活动可能会对地区/环境产生负面影响。而有时，预期的开发活动会受到该地区已有开发活动（例如一条现有的铁路及过往列车的噪声等）的影响——这种情况下，预期的开发活动是该地区其他活动所产生负面环境影响的"接收者"（接纳者）。研究的内容也取决于规划或项目区域的地理特征。例如，如果当地有一个防水建筑（堤坝）或一条河流，那么就规划/项目可能对这些（实物）物体产生的影响进行审查是非常合理且必要的。

研究项目所涉及的地理范围有所不同，包括：①规划区域内项目的位置；②规划区域；③规划区域的周边环境。对规划区域进行规划的行为本身就是一个潜在的影响范围。但是，有时候影响的地理范围会更广泛，包括：预期的开发活动对规划区域周边环境（可能）产生的影响以及周边环境对预期开发活动可能产生的影响。

如果土地利用规划中包含了灵活性的规定（但有时，偏离土地利用规划或之后再对该规划进行细化，参见第 4 章第 4.10 节），那么必须在一开始即对使用该规定所可能产生的环境影响进行评估，该评估不可推迟到之后进行。因此，选择制定一个不太详细的，还是一个更详细的土地利用规划，会对在规划通过之前必须进行的环境研究产生影响。不太详细的，但更加灵活的土地利用规划包括了更多可能的情景和可能产生的环境影响，因而在这种情况下，研究人员必须进行一个更全面的环境研究。❶

7.1.5　负担还是挑战

进行环境研究的义务可以被看作是一个"负担"：其对空间规划和建设会产生一些限制。另一方面，研究义务也可以被看作是一个挑战，旨在进行更加环保的规划和建设。立法规定了最低限度的环境要求，但并没有在此基础上就其可持续性做出要求。实践中，制定一个更加可持续的土地利用规划需要政治上的保障。

案例

从一个"负担的视角"来看，市政部门可以选择使用环境法中提供的所有豁免和例外的可能性。从一个"挑战的视角"来看，在设计的过程中尽快把握环境的规律，并争取实现一个更加可持续和健康的生活环境是更合理的。例如，为一个工业区或者新建高速公路寻找更好的位置。一个更好的位置意味着对周边居民产生的滋扰更少，因此确保他们有一个更好、更健康的生活环境。

如果市政府想要制定更为环境友好的土地利用规划，就应该在编制规划时加入一个全面的"环境"部分。在早期阶段，可以对以下内容进行清点：在规划区域和周边环境内污染物排放的来源，以及在规划区域和周边环境内易受影响的功能、物体和价值。随后，考虑到土地利用规划的时间跨度，如果某项目的时长为 10 年，那么必须进行环境评价。在现在以及接下来的 10 年内，环境质量是否与预期想要达到的项目运作状况相吻合？最后，与保护环境有关的事项是否应当列入土地利用规划或其他规制框架（如合同）之中？❷

道路、地表水以及生态结构等空间结构，很大程度上决定了项目区域的环境质量。从环境的角度来看，应该在设计过程开始时，在更大的空间尺度范围关注这些结构。这些结构可以在土地利用规划中加以规定。

各种空间措施可以促进规划区域环境质量的提升，并且可以在土地利用规划

---

❶ Factsheet. *Maximale mogelijkheden bestemmingsplan en m. e. r.* Commissie voor de milieueffectrapportage, november 2013.

❷ BRO. *Milieu in bestemmingsplannen.* Stadsgewest Haaglanden，2012. p. 23.

中实现，比如：

——分区（保持功能之间的空间距离）。将会在地图上和（或）土地利用规划的规定中进行指定。

——在例如48分贝（dB）的等声线（或者可能是另一个更严格或更宽松的等声线）内，没有易受噪声影响的建筑物。

——利用"保护性"的建筑物（如政府部门办公室或者是隔音屏障），以确保易受噪声影响的建筑物处于"保护性"建筑物之后。

另一种方法是对土地利用规划中允许的空间功能施加具体限制，比如，将一条道路指定为住宅区域（30千米/小时的区域）；对噪声敏感区域（相对安静的一侧）采用市政府规定的"较高噪声值政策（higher noise value policy）"。❶

国务委员会行政司法部的各类裁定明确地表明，环境标准可以纳入土地利用规划，只要可以证明这是为了保护某项特定利益，并且与法律和规划评估框架相契合即可。❷ 在土地利用规划中，环境质量标准的间接调换（以距离要求和建成区域的形式）在判例法中是完全可以接受的。而土地利用规划中环境质量标准的直接调换不太常见。原则上，土地利用规划只能对与土地指定利用功能直接相关的环境方面进行规定。环境质量标准应当直接与被土地占用的空间相关，或其能够影响邻近土地空间的利用。这基本意味着土地利用规划对建筑物的质量要求不做规制。❸

7.2 一般性研究义务

根据荷兰法律和欧洲法律的规定，必须认真制定空间规划。在荷兰，《行政法通则（The General Administrative Law Act）》（简称 GALA）和《空间规划法令》（简称 SPD）规定了重要的一般性研究义务。

7.2.1 一般性行政研究义务

根据《行政法通则》的规定，在做出决定前，行政机关有义务收集所有相关事实和利益的必要信息（《行政法通则》第3：2条）。相关的事实比如：土壤污染和像医院一样具有特定功能的建筑物。相关的利益比如：当地企业的经济利益和居民的环境利益。

在许多情况下，政府会在做出正式决定之前，咨询来自工程公司的外部顾问

---

❶ BRO（2012）. p. 12，p. 13.

❷ BRO（2012）. p. 15.

❸ 有关提升土地利用规划中的"环境质量"的更多可能性，请参见：BRO（2012）。

的建议。尽管如此，法律责任仍然由相关的政府部门承担。因此，如果一个决定是基于由顾问进行的调查而做出的，那么行政机关必须确定该调查是在应尽的责任心的基础上做出的（《行政法通则》第 3：9 条）。所做出的决定必须有合理的理由（《行政法通则》第 3：46 条）。研究的主要结果为支持决定的论证。

7.2.2　一般性空间研究义务

《空间规划法令》第 3.1.6 条提供了一个关于一些相关事实和利益的（非穷尽的）清单。土地利用规划及其草案必须附有关于以下内容的注解（explanatory notes）：

——如何考虑空间规划对水资源体系可能产生的影响。这就是所谓的水资源评估（water assessment，荷兰语：watertoets）。

——空间规划的可行性。

可行性也是指在 10 年期限内必须及时实施的空间规划要求。

在土地利用规划的编制过程中，如果没有规定任何的环境影响评价内容（对该主题请参见下一节内容），那么规划的注解应当包含以下内容：

——关于如何将该地区的现有文化和历史价值，以及历史遗迹纳入考虑的描述。

——关于如何将《环境管理法》第 5 章中规定的环境质量标准，例如来自于《水框架指令》或《空气质量指令》中的质量标准，纳入考虑的描述。

在编制土地利用规划时，如果相关的数据和调查结果不超过两年，那么编制人员就可以利用这个数据（《空间规划法令》第 3.1.1a 条）。

7.2.3　欧盟的一般性研究义务：环境影响评价

环境影响评价（Environmental Impact Assessment，简称 EIA）是一项确保环境信息和其他相关信息可以在均衡协调的决策过程中合并的程序。"均衡（well-balanced）"意味着考虑到了所有相关的环境因素。进行环境评价的主要目的是确保环境信息质量的时效性，以便在决策过程中得以有效利用。环境影响评价的结果呈现在《环境影响评价报告（EIA report)》之中。报告中将阐述发展对环境所造成的影响，以及为达到目标可采取的更可持续的方法。这类报告主要涉及例如健康、景观、噪声，以及外部性安全等方面。

在这种背景下，环境影响评价被认为是一项一般性的研究义务，因为它是一个受到广泛关注的文书；它与具体的环境方面没有关联，而且相关主体也没有遵循该文书的一般性义务。只有在欧盟法（及其在荷兰的实施规则）要求使用它时，主管机关才必须开展环境影响评价。

有两项欧盟指令对环境影响评价做了规定：《环境影响评价指令》和《战略

环境评价（Strategic Environmental Assessment，SEA）指令》。《环境影响评价指令（85/337/EEC）》（被 97/11/EEC 和 2003/55/EC 修订和扩展）要求成员国将环境影响评价合并到各国的规划体系中，并且对某些主要"附件一"项目（例如运输基础设施、工业和开采工厂、大型住房和旅游业开发、电站、放射性废物处理及化学设施）进行强制性的环境影响评价。对附件二中的开发项目，主管机关可以要求进行环境影响评价，而评价的标准是逐案设计的。

《战略环境评价指令（2001/42/EEC）》要求公共机构（和提供公共服务的私主体）对他们的规划和项目产生的潜在重大环境影响（包括跨国界影响）进行评价。战略环境评价（SEA）对以下部门的规划和项目是强制性的：农业、林业、渔业、能源、工业、交通运输、废物管理、水管理、电信、旅游，以及乡镇规划或土地利用。

这两项欧盟指令在荷兰《环境管理法》和荷兰《环境评价法令》中得到实施。《环境评价法令》中的两个附件与上述提及的《环境影响评价指令》中的两个附件（附件 C：强制性的环境影响评价/战略环境评价；附件 D：主管部门的评价）相一致。附件 D 的一个例子是工业区的建设、改造或者扩建，其活动涉及 75 公顷及以上面积的地区。战略环境评价对法定的或强制性的行政规划而言，是必要的。行政规划对受限于环境影响评价的未来决定以及需要适当评估标准的荷兰《自然保护法》提供了框架。附件 D 中的限值是指示性的。这意味着，即使在实际面积低于限值（例如：70 公顷）的情况下，主管机关也有义务解释为什么根据《环境影响评价指令》附件三，不需要对项目进行环境评价。

环境评价有两个目的：

1）在早期阶段收集有关特定规划或者项目环境信息的专家意见。

2）为主管机关的最终决定提供充分信息。

这些信息包括该规划或项目的实施或者不实施会对环境产生的后果。主管机关会将这些信息作为规划或项目审批，以及确定具体实施条件的基础。

为规划和项目制定环境影响评价的法律义务是由《环境管理法》第 7 章规定的。负责制定规划（例如建设愿景、土地利用规划或者强加的土地利用规划）或发放环境许可证的主管机关，应当（在某些具体情况下）获得经过批准的战略环境评价，并且还需要有一个具备必要环境信息的环境影响评价。主管机关在其决定中，必须说明是如何将环境影响评价纳入考虑的。而战略环境评价必须由采用该规划的政府机构实施。项目所需的环境影响评价必须由（公共或私人的）"开发商"实施和支付成本。

除了在欧盟层面对环境影响评价和战略环境评价进行区分之外，荷兰《环境管理法》也对一个所谓的"简化程序"和"完整程序"进行了区分。简化程序适用于（相对）简单的许可证程序的环境影响评价。完整程序则适用于复杂决策、所有基于荷兰《自然保护法》需要进行适当评价的项目，以及政府机构支持的所有项目（例如机场扩建、基础设施相关项目、住房项目）的环境影响评价。❶ 简化并不一定意味着容易。对于环境影响评价而言，许可证的类型决定了是适用简化程序还是完整程序。例如，一个适用简化程序的核电厂的许可证程序，申请的许可证本身远非"简单"，但运用简化程序就足够了。表 7.2 总结了环境影响评价或战略环境评价程序中的不同步骤、差异和相似之处。❷

表 7.2　简化程序和完整程序

简化程序	完整程序
许可证的环境影响评价（例如《环境管理法》）	●战略环境评价 ●复杂项目的环境影响评价 ●项目的发起人是政府 ●所有基于荷兰《自然保护法》需要进行适当评价的项目
程序的各个步骤	程序的各个步骤
支持者通知主管机关	支持者通知主管机关（环境影响评价）
	公开宣布，程序开始
可选：咨询指定的机构	●咨询指定的机构 ●咨询公众
可选：研究荷兰环境评价委员会（NCEA）①的建议	可选：研究荷兰环境评价委员会的建议
撰写环境影响评价报告（包括替代方案），向主管机关递交报告	撰写环境影响评价报告（包括替代方案）
主管机关公布有关环境影响评价报告和概念的决定	●主管机关公布有关环境影响评价或战略环境评价报告和概念的决定 ●向指定机构咨询环境影响评价报告
可选：审查 NCEA 建议	强制性审查 NCEA 建议
主管机关宣布决定和理由	主管机关宣布决定和理由
评价	评价

　　①NCEA：荷兰环境评价委员会（The Netherlands Commission for Environmental Assessment）。其针对环境评价报告中的环境信息的质量向政府提出建议。

---

　　❶　详见：http：//www. commissiemer. nl/english/legislation/dutchlegislation.
　　❷　这些数据是从 NCEA 网站上获取的（荷兰环境评估委员会）。详见：http：//www. commissiemer. nl/english/legislation/procedures.

7.3 分区

在许多空间规划中，分区（zoning）被用作区分从环境视角看可能相互干扰的不同空间功能的手段。例如，"汽车厂"的空间功能可产生大量噪声；这种噪声可能会对生活在这个工厂附近的人的健康产生负面影响。

分区是一种空间规划手段，具体的空间距离规定可以在分土地利用规划或其他规范中得到体现。这个距离旨在将所谓的"易受影响的"土地利用目的与造成干扰的土地利用目的分开。更准确地说：一个土地利用目的会允许土地具有某些功能（例如住房、娱乐等），而这些功能有可能会被附近的土地利用目的（例如交通、工业、农业）所允许的功能"干扰"。为了减少干扰的可能性，合理的距离将同时有助于协调易受影响的功能（干扰的接收者），以及干扰的来源（例如工业）。

分区以一定的距离为特征（例如沿以道路为中心的 X 米区域）。除了分区之外，有时还有"研究区域（research areas，荷兰语：onderzoeksgebieden）"。在研究区域内有进行研究的法律义务，尽管此前"干扰地区"的准确边界并不明确。研究对了解应该在地图上的何处划定界线，以及需要采取哪些措施来减少干扰是十分必要的。理论上可以通过以下措施来减少干扰：

——在源头上的措施（道路、工厂等）。

——在减少干扰传输过程中的措施（隔音板，acoustic baffle，荷兰语：geluidscherm）。

——在接收侧的措施（隔音）。

分区或者等声线主要由《噪声控制法》和《公司公共安全法令（The Decree on Public Safety of Companies，荷兰语：Besluit externe veiligheid inrichtingen）》进行了规定。

荷兰城市自治协会（The Dutch Association of Municipalities，荷兰语：Vereniging van Nederlandse Gemeenten）发布了一个关于"商业与环境分区（Businesses and environmental zoning，荷兰语：Bedrijven en milieuzonering）"的手册。该手册为易受影响功能区（如居民区）与环境干扰功能区（如工业区）之间的距离提供建议。建议的距离原则上一方面适用于有扰乱功能的财产的边界（borders of the property，荷兰语：perceelsgrens）；另一方面，适用于易受影响功能的（建筑物的）正面。虽然这本小册子没有法律地位（伪立法），但其在实践中经常被使用。行政法官在其裁决中也同意使用这些指导建议。

在关于使用该手册的判例法的评论中，奥尔德斯（Alders）这样评论道：❶

——尽管有伪立法的性质，但在实践中该手册发挥了很大的价值。行政法官要求，对手册中指示距离的每一次偏离都必须进行解释和充分论证。

——在这些具有建议距离的手册的表格中，这些建议的距离仅与个体公司有关。由超过一家公司造成的干扰并没有考虑在内。在一些案例中，尽管生活区域受噪声的影响，但市议会认为几个单独的公司都分别符合环境要求，虽然有噪声累积，但仍是可接受的。

——通常情况下，手册只适用于现有的情形（现有的公司和现有的住宅），而手册本身强调其仅适用于邻近现有公司的建新住宅，或者是邻近新建公司的新建住宅。

例如，"噪声带"、"外部性安全区"和"防水建筑保护区"是不同的，但其中最主要的相似之处在于，在不同地区内都有一些空间和（或）环境限制。这些限制意味着必须进行相关的研究。该区域在空间规划中被正式划定之前，为了界定该区域的等值线则必须进行研究。另外，当该区域在土地利用规划中被正式划定时，新的相关空间开发活动（如新建筑物）的发起者有义务进行研究，以确定他规划的开发活动是否符合法律上的空间和环境限制。

7.4　具体的研究义务

7.4.1　引言

环境可以简单地描述为人类、动物和植物的生活环境。空间规划的主要作用是指定具体位置的具体功能。在选择各种空间功能（例如住宅区、工业区）之前，往往需要进行环境研究。本章的剩余部分主要论述与空间规划和开发有关的具体的环境研究义务。但本章对具体研究义务的列举并不是详尽无遗的。例如，以下几个环境方面不包括在内：

——气味滋扰。《气味滋扰和畜牧场法（the Odor Nuisance and Livestock Farm Act，荷兰语：Wet geurhinder en veehouderij)》。住在拥有相对较多畜牧场的农村地区的居民可能会遇到一些气味滋扰问题。

——核电风险。核电厂的外部性安全是非常重要的，这鉴于它在熔毁时会产生的大规模影响。但在荷兰，只有一个核电厂（位于 Borselle）和两个研究核反应堆（位于 Petten 和 Delft）。

---

❶　E. Alders. Gevoelige bestemmingen, afstand tot milieuhinderlijke bedrijven, milieuzonering. *Bouwrecht*, 2011, no. 3. p. 164 – 166.

7.4.2　环境噪声

噪声令人讨厌，但并不是所有的噪声都与法律有关。欧盟和荷兰立法对 4 种类型的环境噪声来源做了规定：道路交通、铁路交通、空中交通和工业。❶

2002/49/EC 指令涉及环境噪声的评估和管理。该指令适用于人们暴露其中的尤其是在以下地区的噪声：建成区、聚居地内的公园或其他安静地区、野外的安静地区、学校附近、医院，以及其他易受噪声影响的建筑物和区域。该指令不适用于人自身造成的噪声、家庭活动产生的噪声、邻居制造的噪声、工作场所产生的噪声、运输工具内的噪声，或者是在军事区域由军事活动导致的噪声。

噪声控制法

荷兰《噪声控制法》与建筑法和空间规划法，尤其是土地利用规划的制定有着密切的关系。《噪声控制法》旨在保护在易受噪声影响的建筑（如住房、学校、医院等）中的居民的健康。

《噪声控制法》涉及交通噪声和工业噪声。噪声标准的制定使主要道路（以及铁路和电车轨道）沿线，以及工业区周边进行了声学分区（在易受影响功能地区注意采取隔音措施）。如果在这些声学分区中将有住宅项目的规划或建设活动，首先必须在声学分区进行声学研究（可以忍受多少噪声以及有哪些可能的保护措施）。

《噪声控制法》有一个基本的序列系统：①从噪声源开始进行噪声控制。如果该控制没有能够将噪声控制在标准内，那么应当；②对噪声的传输采取限制措施。如果仍然没有效果，那么必须：③在所在地本身（例如在住宅内）采取保护措施。对于所有这些步骤，已经制定了法律规定（和标准）。然而，大多数的规制主要存在于传输阶段，即分区阶段。

环境噪声标准

像欧盟委员会（EC）的《环境噪声指令（2002/49/EC）》一样，荷兰住宅正面（临街一面）的最大噪声标准原则上为 48 分贝（ = L_{den}）。该标准的法定性质是一个目标值（target value，荷兰语：streefwaarde of voorkeursgrenswaarde）。这个标准仅仅涉及对易受影响的功能（住宅等）区（内的人们）的保护。然而，所谓的"聋哑外墙（deaf facades）"（没有可以打开的窗户或者门的外墙）是个

---

❶　M. Weber. *Noise policy：sound policy? A meta level analysis and evaluation of noise policy in the Netherlands.* Utrecht, 2014.

例外。这些建筑的内部执行特定的声级标准。

欧盟指令 2002/49/EC 的第 5 条表明，欧盟为成员国留出了选择其他噪声指标的空间。

第 5 条：噪声指标及其应用

1. 成员国在编制和修订战略噪声图时，应按照第 7 条的规定，使用附件 I 中所指的噪声指标 L_{den} 和 L_{night}。

（……）

3. 对于声学规划和噪声分区，成员国可以使用除 L_{den} 和 L_{night} 之外的其他噪声指标。

"L_{den}" 是用来反映整体噪声干扰度的全天候（day - evening - night）噪声指标。"L_{night}" 是反映睡眠干扰度的夜间（night - time）噪声指标。

声学分区

声学区域（Acoustic zone）是位于一个"声源"沿线或者周边的区域，在声学区域之中必须额外注意环境噪声。在实践中，这意味着为了符合噪声标准，必须进行有关声音测量（或计算），以及降低噪声措施的研究。只有在通过采取必要措施满足目标值后，才有可能在声学区内建造住房。然而，市政府有权通过特殊程序为住房确定一个更高的标准（见下文）。这些更高的标准已经在《噪声控制法》中列出（就像在《噪声控制法》的文本中设定的基本标准一样）。

——（仅）针对住宅。城镇以外地区为 53 分贝；城市地区为 58 分贝（有些情况下甚至达到 63 分贝）。

——其他易受影响功能地区的标准是在一项专门的噪声控制法令（荷兰语：Besluit geluidhinder 2006）中列出的。

《噪声控制法》对所有临近通车道路的区域进行了声学分区（表 7.3、表 7.4）。然而，工业区周边声学分区的划定与土地利用规划的制定，是市政府需要完成的任务。位于这些区域周边的分区边界处，执行的是 50 分贝（A）标准的"旧标准"（在某些情况下，最高标准分别为 55、60 分贝（A）都是可能的）。这些边界通常由市政府设定（主要体现在土地利用规划中）。

表 7.3　城市地区道路沿线的分区宽度

车道的数量	道路两旁的分区宽度/米
大于等于 3	350
（1 或）2	200

表 7.4　城镇外部道路沿线的分区宽度

车道的数量	道路两旁的分区宽度/米
大于等于 5	600
大于等于 3	400
2	250

与《空间规划法》的关联

《噪声控制法》中有关分区的章节（工业区周边，以及道路、铁路、电车和高速公路沿线），通过土地利用规划（或建设愿景）与《空间规划法》，特别是《空间规划法令》相关联。❶ 在制定土地利用规划时，必须考虑对住房、学校、医院和其他易受影响功能区适用《噪声控制法》标准。工业区周边的分区是根据噪声等声线设定的。

噪声目标值的放宽

自 2007 年以来，市政府有权为特定区域的住宅（外墙）所可能承受的交通噪声及工业噪声设定更高的标准。但是，该权力仅适用于市政道路和当地的工业区，而不适用于高速公路、省级公路或者地区性工业区。只有当采取的降低（住宅附近和其他"易受噪声影响"区域）噪声措施无效，或者措施正在对城市开发、交通、景观造成困扰，又或者措施所需的财政成本过高时，市政府才有可能采用更高的标准。

为了确定噪声目标值的放宽是否可行，必须进行声学研究。市长和市府参事必须在公布该地区土地利用规划草案的同时，公布一个"关于更高噪声标准的决定（decision regarding a higher noise standard，荷兰语：vaststellingsbesluit hogere waarden）"草案。

对国家基础设施所产生噪声的限制

2012 年 7 月 1 日，限制国家基础设施所产生噪声（noise production limits，荷兰语：geluidsproductieplafonds）的新立法生效。该立法（荷兰语中简称"Swung I"）引入了一个完全不同的体系。目的是对（国家）基础设施建设中噪声的增加进行管理。

新的噪声管理规定不适用于道路和铁路沿线等易受噪声影响建筑（如住房、

---

❶ 参见《空间规划法令》第 3.3 节 *Geluidszones*（声学分区）。

114

医院和学校）的建设。在这方面，《噪声控制法》中的规定仍然适用。

新的噪声立法以三大支柱为基础：

1）控制噪声增长（噪声产生需合规）。

2）降低噪声水平。

3）刺激来源措施。

噪声立法体系的主要变化之一是执行所谓的"噪声产生限制"。这个新手段可以控制噪声的增长。原则上不得超过对国家基础设施建设所产生噪声的限制。如果超过了（例如，由于多年以来交通量的增加），那么道路当局应采取措施。噪声产生限制指的是声音的上限，以年均分贝为单位。

（基础设施与环境部）部长决定噪声产生限制（根据《噪声危害计算与测量条例（Calculation and Measurement Regulations on Noise Nuisance，荷兰语：Reken-en Meetvoorschriften Geluidhinder)》中规定的一个噪声模型进行拟合）。道路主管机关负责确保各主体噪声产生限制，并开展随机测量以验证拟合的情况。

噪声产生限制是固定的。易受噪声影响物体的目标值不得超过限制。如果没有噪声减轻措施能够符合噪声产生限制，可以按照《噪声控制法》的规定设定一个更高的标准（最大值）。

有了这一新体系，居民可以获得持续保护，以对抗国家基础设施使用中噪声的增加。在特殊情况下，当噪声产生限制被超过时，不用采取任何措施。只有在符合所谓的"效率标准"时，才应当采取措施。《环境管理法》第11.29条对效率标准进行了界定。效率标准意味着，与产生的收益（即从措施中受益的人数）相比，采取措施的成本必须是成比例的。如果采取的措施无效，将会做出一个改变（增加）噪声产生限制的决定。相关主体针对这项决定可以向行政法院提起诉讼。

7.4.3　空气质量

欧洲共同体认为空气质量是一个"与健康相关的"跨界环境问题，并对其进行了规制。2008年6月21日生效的《欧洲环境空气质量与清洁空气指令（The European Directive on Ambient Air Quality and Cleaner Air for Europe）（2008/50/EC)》搭建了空气质量标准的法律框架。该指令是对2001年以来所适用的有关可吸入颗粒物（PM10）和二氧化氮（NO_2）浓度规定条文的延续和融合。

空气质量标准：限值和目标值

不同类型的法定空气质量标准有不同的含义。"限值（limit values）"和"目标值（target values）"之间就有明显的区别。限值在法律上意味着"达到具体结果的义务"，因为它们实际上必须由成员国实现。目标值意味着一个"尽最大努力的义务"，也就是成员国需要付出巨大努力以实现的目标。因此，限值比目标值更严格。空气质量指令2008/50/EC中的大多数标准（臭氧的除外）都是限值。健康标准来自世界卫生组织的《空气质量指南》。空气质量指令2008/50/EC中的标准是最低标准（即下限值）。成员国为了儿童和其他弱势群体的利益可以自由地制定更严格的规则。2009年1月，荷兰推行了一项行政命令，以防止在邻近高速公路（＜300米）或省级公路（＜50米）的地方建设学校，以及为儿童和老年人等弱势群体建设的其他各类项目。❶

国家空气质量合作方案

荷兰《空气质量法（The Air Quality Act）》是《环境管理法》的一部分（第5章第2节：空气质量标准），并于2007年11月生效。《空气质量法》规定了一项制定国家方案的义务——"国家空气质量合作方案（National Programme for Collaboration on Air Quality，荷兰语：Nationaal Samenwerkingsprogramma Luchtkwaliteit，简称NSL）"，旨在实现2008年欧盟空气质量指令中的所有限值。该国家方案（NSL）将由所有地方政府和中央政府共同遵守。它将在国家以及地方层面生效，并包含了用以改善整个国家空气质量的通用措施，以及由所有参与机构为（政府）指定区域（问题区域）提出的具体地点措施。并不是所有的荷兰地区都是问题区域：NSL将北方各省（弗里斯兰、格罗宁根和德伦特），以及位于西南部的空气质量符合标准的泽兰省排除在外。该方案还包含了未来的建筑和基础设施规划（或项目）。地方政府将会确认指定地区的新的建设活动是否已经被纳入这个更大规模的方案中。

NSL于2009年8月生效后，对（新的）建设项目进行评估时，仅依据其与方案的兼容性，而非限值。这与空气质量指令中的义务规定，以及呼吁制定一个区域统一方案以实现限值要求的欧洲法院的判例（案例C–320/03，Commission vs. Austria，*Inntal*）相一致。当一个项目被列入该国家方案后，就不用对其空气质量标准进行单独检测了。

> **案例**
>
> 在有关位于乌特勒支车站地区的一个新的大型电影院的判例法中，法官认为，由于土地利用规划是NSL的"开发车站区域"项目的一部分，因此

---

❶ Besluit gevoelige bestemmingen（luchtkwaliteitseisen）. Decree on Sensitive Designations（air quality standards）《敏感指定地区法令》（空气质量标准）。

根据《环境管理法》第 5.16 条的规定，不用对限值进行单独验证。❶

有关空气质量的立法要求通过采取能够显著影响空气质量的活动措施进行补偿（compensation，荷兰语：saldering）。如果一项活动在显著程度上促使空气质量恶化，而这项活动并没有列入上述论及的国家方案，那么只有在充分保障补偿措施的情况下，允许此项活动的土地利用规划才能成立。如空气质量的恶化不足3%，则不用进行单独的空气质量研究。低于 3% 限值的空气质量的恶化被归类为"不在显著程度上（not to a meaningful degree，荷兰语：niet in betekenende mate）"。❷

案例

判例法中的一个例子表明，如果相关决定可能导致的空气质量恶化能够得到事先排除的话，则不需要对空气质量进行研究。❸ 在这个具体的案件中，在市政府做出关于土地利用规划的决定之前，已经存在一个涉及轨迹规划决定的规定。该土地利用规划不允许除轨迹规划决定规定之外的其他开发活动。本案中，法官认定，与先前的轨迹规划决定相比，可以合理地排除土地利用规划可能会导致的空气质量恶化。

7.4.4　外部性安全

易受影响物体的保护

某些活动有发生重大事故的风险，会对环境造成潜在的严重后果。外部性安全的政策和法规旨在对这些风险进行管理。在实践中，外部性安全可能会受到（例如）以下因素的影响：

——诸如烟花、军用弹药、液化石油气加油站等危险物品的生产、储存和使用等。

——沿着或者通过道路、水路、铁路和管道运输危险物品。

——机场的使用。

关于外部性安全规则的实质，是应当在高风险活动和易受影响物体之间保持安全距离（或风险等值线）。这些安全距离意味着对空间开发的限制。易受影响

---

❶ Afdeling Bestuursrechtspraak van de Raad van State, 1st of July 2015, ECLI：NL：RVS：2015：2065.

❷ 荷兰语：Besluit niet in betekenende mate bijdragen（luchtkwaliteitseisen）. 2007 年 10 月 30 日关于非显著贡献（空气质量标准）法令。

❸ Afdeling Bestuursrechtspraak van de Raad van State, 6 September 2006, ECLI：NL：RVS：2006：AY7594，consideration 2. 8.

物体（例如住房、学校、医院和办公室）应位于风险等值线之外。

易受影响的物体例如：

——供未成年人、老年人，以及病残人士停留（无论是否能够待满一天）的建筑物，包括：① 医院、敬老院和养老院；② 学校；③ 用于未成年人日托的建筑物的全部或部分。

——一天中的大部分时间通常会有大量人群在其中的建筑物，可以是：① 单层总建筑面积超过 1500 平方米的办公室和酒店；② 预期连续数天会有超过 50 人停留的野营和其他娱乐场所。

风险等值线中禁止出现易受影响的物体。特殊情况下会允许存在所谓易受"有限"影响的物体，而且要对潜在的风险进行解释。

易受有限影响的物体例如：

——分散的房屋、密集程度达到两座房屋的船屋和大篷车，以及每公顷一个的船屋和大篷车。

——第三方的服务和商业用房。

——健身房、运动场、游泳池和游乐场。

为了制定更好的空间规划，也必须考虑到外部性安全的需要。虽然《空间规划法令》没有规定，但一般性研究义务（参见本章第 7.2 节）和一些具体的环境规则表明了外部性安全的重要性。例如：在土地利用规划的地区范围内，可能存在有害物质的运输管道。如果是这样的话，建议空间规划主管机关向该管道的网络管理员和安全区域的董事会进行咨询。关于外部性安全的这个咨询结果可以在土地利用规划的注解中得到表现。

在土地利用规划的编制阶段，有关外部性安全的重点研究问题如下：

——在该地区或其直接邻近地区是否存在高风险的公司或者活动？

——在该空间规划区域及附近区域是否存在易受影响或易受有限影响的物体？

相邻地区也是相关的，因为外部性安全的规范超出了规划区域的边界。规划区域的居民可能会受到本地区范围外一些"危险"活动的潜在威胁（反之亦然）。

外部性安全和公司

2004 年，公司（companies，荷兰语：inrichtingen）外部性安全法令和公司外部性安全部部长令（Ministerial Order）生效。如果土地利用规划允许在法令规定的某些公司（如一个液化石油气加油站）的 150 米距离范围内存在易受影响或有限影响的物体，那么决定该土地利用规划的主管机关有义务遵守外部性安全规则。例如，在存放危险物品或废物的情况下，必须遵守有关易受影响物体的个人风险的限值。

除了临时性房屋之外，房屋在这种背景下即为所谓的易受影响的物体。

公司外部性安全法令对个人风险和集体风险进行了区分。

个人风险（individual risk）是指一个假想的个人在特定地点被涉及有害物质的意外事故或者空难击中的可能性。这个风险每年预期不大于百万分之一（10^{-6}）。这意味着每年每百万人中只有一个人因此类事故而死亡。

集体风险（group risk）是指由于一些人出现在一个企业（高风险公司或活动）的影响区域，以及在拥有有害物质的企业内发生非正常事件而导致死亡的累积可能性。集体风险的一个更简单的定义是：由于一起涉及运输有害物质的事故，而使一群人同时成为受害者的可能性。

集体风险不存在限值和目标值。这些规定意味着问责义务（a duty of accountability，荷兰语：verantwoordingsplicht）。问责意味着主管机关除了考虑集体风险的数学等级外，还有义务考虑以下方面：风险来源附近人员自助（逃生）的可能性；应对意外事件或灾难的可能性；可能的替代方案和可能的缓解措施。问责的目的在于讨论风险来源的安全性、风险来源与环境之间的相互作用、应急服务的能力，以及自助逃生的可能性。

外部性安全部部长令对公司进行了指定，受指定的公司可以从事特定物资的经营、运输等活动。这些公司被称为：分类公司（categorical companies，荷兰语：categoriale inrichtingen）。对于这些公司，适用固定的安全距离和安全等值线。对于非分类公司，必须计算相应的安全距离和等值线。

基本运输网络

2015 年 4 月 1 日，有关"有害物质基本运输网络"（简称：基本网络）的规定生效。该基本网络覆盖公路、铁路和水路等方式，是危险品的主要运输网络路线。基本网络旨在创造和维持：①当地居民的安全利益；②在高速公路、主要铁路和水路上运送危险货物；③基础设施（建筑物等）沿线的空间利用三者之间的可持续平衡。为实现此目的，尽可能为三种模式设计了相同的体系。基本网络也因此由安全、交通和建筑三部分组成。

市政府有责任预防在距离有危险物质运输基础设施过近的地方进行开发和人口集聚。除了预防外，市政府还必须权衡并采取措施鼓励平民自助逃生，并确保紧急服务（救护车、消防部门）的可及性。《交通路线外部性安全法令（The Decree on External Safety Transport Routes）》（2013 年 11 月 11 日）规定了这一点。该法令指出：

——禁止市政当局允许在交通运输风险可能大于社会可接受风险（即大于每年 10^{-6} 的个人风险）的基础设施沿线建造新的易受影响建筑（第 3 条）。

——强制涉及建筑规划评估的市政当局关注平民的自助逃生，确保公共救助服务的可及性，并向安全区域委员会征询意见（第 7 条和第 9 条）。

——如果建筑活动发生在距离基础设施不到 200 米的范围内，则强制市政当局进行集体风险评估（第 8 条）。

——在某建筑规划直接位于有许多易燃液体运输的道路、主要铁路和水路沿线的情况下，考虑到易燃液体可能发生事故，强制市政当局对为什么允许在该地点建造进行说明（第 10 条）。

通过设定所谓的交通运输风险上限，可以实现在建筑物和基础设施之间保持安全距离。这些风险上限在空间上被转换为基础设施两边的假想线或风险等值线。在那条线上，危险物质运输的个人风险不得超过每年 10^{-6}（百万分之一）。在这些线之间，禁止建设新的易受影响物体。易受有限影响的物体也只有在特殊情况下才能允许建设。禁止建设的距离取决于为具体的公路、铁路或者水路设定的风险上限（或交通运输的风险可能性）。❶

在基础设施附近用于维持低人口集中度的手段是"集体风险责任制（the group risk accountability）"。这项规定意味着主管机关（通常是市政府）在其做出允许在基础设施 200 米范围内进行建设的决定时，应当计算集体风险并对其负责。市政府有义务考虑在风险上限内可能的交通量。

然而，尽管有对交通运输严格的安全要求，但不能排除在基础设施上会发生涉及有害物质的意外事故的可能性。因此，尽可能避免产生更多的受害者是十分重要的。一种方式是确保该地区没有人或仅有极少人。另一种方式是采取措施确保居民可以让自己处于安全环境（自助逃生）或紧急服务可以起作用。在有关允许在所谓"受影响区域（an influence area）"内存在建筑物的决定中，主管机关（通常是市政府）必须考虑到自助逃生和急救服务。在高速公路、铁路或水路发生意外事故的情况下，土地利用规划的注解或者环境许可证中必须具备可以对抗和限制事故影响的急救服务，以及确保人身安全。受影响区域可以界定为位于高速公路、铁路或水路两侧的一块区域，在该区域内 1% 以上的现场人员可能因公路、铁路或水路上有关有害物质的非正常事件的发生而导致死亡。

❶ Regeling van de Staatssecretaris van Infrastructuur en Milieu，van 19 maart 2014，nr. IENM/BSK – 2014/67724，houdende vaststelling van de ligging van de risicoplafonds langs transportroutes en regels voor ruimtelijke ontwikkelingen langs tranportroutes in verband met externe veiligheid（Regeling basisnet）. 2014 年 3 月 19 日，《基础设施与环境部部长法令》确定交通运输路线沿线上风险上限的位置，以及与外部性安全相关的交通运输路线沿线的空间开发规定（基本运输网络法令）。

7.4.5　土壤评估

在起草土地利用规划时，有关土壤方面的主要问题是：现有的土壤质量是否与当前或者将来对该土壤的利用相匹配，以及两者（即土壤和土壤用途）如何能够最佳地相互匹配。基本原则是：受污染的土壤不能对土壤的利用者（诸如住房等易受影响的功能）带来不可接受的风险。此外，土壤质量不应因土方工程而恶化。这就是所谓的"静止（stand still）"原则。●

《空间规划法令》并没有在规划区域内土壤的条件方面规定具体的研究义务。但这并不意味着可以省略这样的一个研究。上述论及的一般性法律研究义务，特别是收集有关事实和利益的必要信息的义务（《行政法通则》第 3：2 条），以及调查土地利用规划可行性的义务，也表明了土壤研究的必要性。例如，一个加油站几年前被关闭，很明显这个原来的加油站很可能造成了土壤的污染。

《住房法》规定，每个城市都要制定一部建筑地方法规（第 8 条）。《住房法》概述了市政建筑法规中应该规定的主题（第 8 条）。其中包括一些防止在污染的土壤上进行建设的规定。

有关污染土壤的规定仅适用于（累计）满足以下条件的建筑物（《住房法》第 8 条第 3 款）：

1）人们将永久或几乎永久居住其中的建筑物。因此，该规定不适用于例如用来储存材料的建筑物，尽管人们会不时地在此类建筑物中停留较短的时间。

2）需要申请环境许可证的建筑物。

3）接触地面的建筑物。

在此类建筑物可以开始建造之前，必须弄清楚土壤的质量。实践中，可归结为：环境许可证的申请人向市行政委员会提交一份近期的土壤调查报告。在某些特殊情况下，（建设规划的）发起者并不需要提交土壤调查报告。例如，近期在另一个体系内已经生成的土壤调查报告。另外，如果建设规划的发起者从市政府购买的土壤（土地）已经"整理好以备建设（prepared for construction，荷兰语：bouwrijp）"，通常已有一份合适的土壤调查报告。在这些情况下，市行政委员会将会免除其提交土壤调查报告的义务。

原则上，土壤调查报告有三个可能的结果：没有污染、轻度污染或者严重土壤污染。如果土壤调查报告显示土壤没有污染，就会授予其环境许可证。如果土壤调查报告显示土壤有轻度污染，那么通过授予一个"附条件的（under conditions）"环境许可证，可以实现该轻度污染的土壤对建筑物使用者的健康不会构

●　*Milieu in bestemmingsplannen.* Stadsgewest Haaglanden 2012．p. 25.

成实质危害的目的。最后，如果土壤调查报告显示土壤受到严重污染的，那么在建设活动开始前，必须将土壤清理干净。

7.4.6 水资源评估

水资源评估在 2001 年时被正式引入。从那以后，空间规划就需要考虑水资源评估的内容，这样可以预防对水资源系统造成负面影响或者是针对产生的负面影响以其他方式进行补偿。从 2003 年 11 月起，水资源评估对所有正式的空间规划（如城市土地利用规划和省级空间政策规划等）而言都是强制性的。

水资源评估有几个法律支柱，主要是《空间规划法令》和《行政法通则》。第一个支柱即空间规划机构有义务就土地利用规划中涉及当地水资源方面的相关问题咨询水务机关的意见。第二个支柱即有在土地使用规划的注解中明确说明将如何将这些水资源方面的问题纳入考虑的义务。

水资源评估的一个特点是，市政府和水务机关有义务进行合作。在各方共同努力下，这些地方政府和地区机关必须研究新的空间规划可能会对水资源体系（地表水、地下水等）产生的负面影响。荷兰的法律框架没有包含指定了特定结果的（例如，不允许在特定地区建房等）具体规则。因此，市政府与水务机关之间的合作是一个互动的过程：水务机关就空间规划可能对水资源体系产生的影响提供建议，而各市政府就新的水资源政策对空间规划可能产生的影响提供建议。

市政府不能轻易忽视水务机关的建议。首先，在对最后（空间规划）决定的解释中，必须考虑水务机关的建议。当水务机关给出一个消极的建议（例如，不要在这个易洪涝区开展建设）时，市政府没有义务听从这一建议，而是必须在决定的论证推理过程中处理该建议。其次，荷兰的空间规划法中包含了争取"适当空间规划"的规定。虽然这个规范主要被理解为是一个与空间相关的要求，但当一个市政府认真考虑其他公共机构的建议时，也可以将其视为"适当的空间规划"。❶

> **案例**
>
> 多年来，人们就位于高达市（the city of Gouda）低洼的"Westergouwe"圩田是否适宜进行建设一直争论不断。经过多年的讨论，并在前任空间规划与环境部部长的干预下，最终决定要在该地点进行建设。虽然存在一些水危害（沼泽化）和洪水等预期的水风险，但要在一个低地进行建设还必须在法律

---

❶ 同时参见：P. Jong, M. van den Brink. *Between tradition and innovation：developing Flood Risk Management Plans in the Netherlands.* Journal of Flood Risk Management, 2013, doi：10. 1111/jfr3. 12070。

上具备哪些条件呢？荷兰最高行政法院对 Westergouwe 案件的裁决指出了在"具有相对较高水风险地区"进行建设需要具备以下 5 个相关的先决条件。❶

研究：在编制土地利用规划时，必须对土地利用规划可能对水资源体系产生的影响进行深入研究。

土壤：必须对土壤采取一切合理和必要的措施，以预防将来可能出现的洪涝和内涝（例如，通过补充沙石来提高地面）。

好邻居原则：不要将水问题交给邻近地区。在"易受水影响地区"进行建设不得造成或者扩大周边地区任何类型的水问题。

没有不可接受的洪涝和内涝风险。法官将考虑一个特定地区建筑物的设计预计会对因堤坝破裂而引起洪水情况下水流的可能速度产生的影响。

适当的水资源体系：通过采取各种措施，必须建立适当的水资源体系。这些措施是在土地利用规划的实施阶段采取的，但土地利用规划本身不会对其做出规定。

7.4.7　自然保护

欧盟框架：鸟类和栖息地指令

在做出制定一个土地利用规划的决定时，市议会必须考虑到土地利用规划可能对自然栖息地质量和位于 Natura 2000 地区物种栖息地质量产生的影响。

对荷兰而言，最重要的相关法令是欧盟《鸟类指令》和《栖息地指令》。成员国需要采取措施保护鸟类的栖息地（限制狩猎等）。这些措施是为了保存、维持或者重新建立一个能够保护鸟类多样性的栖息地。《欧盟鸟类指令》（79/409/EEC）和《欧盟栖息地指令》（92/43/EEC）的主要目标是保护欧盟成员国内的自然栖息地和野生动植物。成员国必须按照《鸟类指令》设立"特别保护区（Special Protection Areas）"，按照《栖息地指令》设立"环境特别保护区（Special Areas of Conservation）（简称 SAC）"。这些地区共同组成了被称作 Natura 2000 的一个的欧洲保护区网络。❷

《鸟类指令》

成员国需要采取两种特别的环境保护措施。

---

❶　Afdeling Bestuursrechtspraak van de Raad van State, 29 June 2011, ECLI：NL：RVS：2011：BQ9663.

❷　同时参见：R. Beunen, W. G. M. van der Knaap, G. R. Biesbroek. Implementation and Integration of EU Environmental Directives. Experiences from The Netherlands. *Environmental Policy and Governance* 19, 57 – 69 (2009).

1）成员国必须为了保护这些物种（在该指令的附件Ⅰ中提及的），将在数量和规模上最适宜的区域归类为"特别保护区（Special Protection Areas，荷兰语：Speciale Beschermingszones）（简称 SPA）"。在新的荷兰《自然保护法（The Nature Conservation Act，荷兰语：Natuurbeschermingswet）》（2017）中，这些特别保护区被称作"Natura 2000 地区"。

2）成员国应采取适当措施，以避免栖息地的污染、退化以及影响这些地区鸟类的任何干扰。

《栖息地指令》

该指令旨在为自然栖息地和野生动植物提供保护。像《鸟类指令》一样，它规定了两种措施：

1）保护环境特别保护区（SAC）的措施。

2）保护物种的措施。

1）《栖息地指令》所建立的环境特别保护区是在"Natura 2000"保护区的基础上简称的。环境特别保护区是《栖息地指令》中指定的需要严格保护的地点。两个附件列出了需要保护的内容。附件Ⅰ列出了具有公共利益的各种自然栖息地（如荷兰北海沙丘）。附件Ⅱ列出了栖息地中将要被保护的动物和植物的种类。同时，成员国设立的"野鸟特别保护区"也是 Natura 2000 的一部分。❶

2）成员国必须采取适当措施以避免伤害野生动植物（如蓄意杀害、扰乱繁殖地点或休息场所等），特别是对动物物种，以及需要"严格保护"的植物物种的伤害。这些"严格保护的物种"列在附件Ⅳ中。在（条款）列举的特殊利益情况中允许对条款的"损毁"（第 12－15 条）。❷

环境特别保护区（SAC）

欧盟《鸟类指令》和《栖息地指令》要求指定具体区域。指定的法律后果（《栖息地指令》第 6 条）如下所述。在环境特别保护区（SAC）内，成员国应该：

——建立必要的保护措施，而且在必要时制定一个适当的管理计划（第 6 条第 1 款）。

——采取措施避免栖息地的退化，并避免对被指定的 SAC 内的物种造成干扰（第 6 条第 2 款）。

——主管机关，例如正在编制土地利用规划的市议会，必须对任何可能对

---

❶ 有关最新信息，请参见欧洲环境署（European Environmental Agency）（简称 EEA，位于哥本哈根）网站：www.eea.europa.eu.

❷ 在这里"损毁（derogation）"的意思是：在某些情况下，成员国可以不遵守某些规定。

SAC 产生重大影响的规划或项目进行审查。只有在根据该保护区的保护目标对该保护区将会产生的影响进行适当评估后，此类规划或项目才有可能实施。❶ 这个对有害影响的审查程序被称作"适当评估（appropriate assessment，荷兰语：passende beoordeling）"。只有在确定它不会对保护区产生不利影响后，主管机关才可能同意实施规划或者项目。这也适用于位于 SAC 以外的可能对其内部产生影响的项目和规划（第 6 条第 3 款）。

——损毁（derogations）。只有在存在压倒性公共利益的迫切情况下（包括社会原因或者经济原因）可能会对 SAC 造成不利影响的规划或者项目才有可能被允许。在这种情况下，成员国必须采取所有补偿性措施，以确保"Natura 2000"的整体一致性得到保护（第 6 条第 4 款）。

案例

2009 年 11 月 4 日国务委员会行政司法部关于"马斯弗拉克 2 号（Maasvlakte 2）"的裁决是成功应用上述"损毁"标准的一个例子。❷ 南荷兰省的省行政委员会决定批准鹿特丹市政府关于"马斯弗拉克 2 号"的土地利用规划。这个规划需要在鹿特丹市以外的工业区域进行大范围扩建。在这种情况下，没有其他可替代的解决方案。欧盟委员会得出结论，在实现"马斯弗拉克 2 号"项目方面，存在压倒公共利益的必要原因。在"德尔福兰沙丘补偿计划"中对补偿问题做了详细阐述。这项补偿计划包括开发 34 公顷的新沙丘地区。

荷兰《自然保护法》（2017）

荷兰的自然保护地，以及动植物都由 2017 年 1 月 1 日生效的《自然保护法》进行保护的。在很大程度上，可以将《自然保护法》看作是对欧盟《鸟类指令》和《栖息地指令》在荷兰的法律实施。❸ 该新法律的颁布取代了原先的三部法律，即《自然保护法（1998 年）（The Nature Conservation Act 1998）》、《植物群与动物群法（The Flora and Fauna Act）》，以及《森林法（The Forestry Act）》。根据第一节第 1.10 条的规定，《自然保护法》的目标是：

1）部分出于自然的内在价值对自然进行保护和开发，以及保存和修复生物多样性。

---

❶ J. H Jans, H. Vedder. *European Environmental Law*. Groningen（Europa Law Publishing），2008. p. 459.

❷ Afdeling Bestuursrechtspraak van de Raad van State, 4 November 2009, ECLI：NL：RVS：2009：BK1951，JM 2010/3，Zijlmans 对此做了注解。

❸ 根据欧盟法律的规定，欧盟指令需要在成员国国家法律中得到实施。

2）为了履行其社会功能而对自然进行有效率的管理、利用和开发。

3）出于景观对生物多样性的贡献和它们的文化历史重要性，同时为了履行其社会功能，要确保建立一个旨在对有价值景观进行保存和管理的协调政策。

环境特别保护区（SAC）或"Natura 2000"地区由经济事务、农业和创新部部长进行指定设立（《自然保护法》第2.1条第1小段）。SAC的指定同时涉及私有财产和国有土地。在荷兰，已经指定了160多个"Natura 2000"地区。例如：费吕沃（地区）（the Veluwe）、瓦登海（Wadden Sea），以及（北荷兰省的沙丘地区）（Noordhollands Duinreservaat）。

对自然的谨慎义务（duty of due care）

除了《环境管理法》中规定的谨慎注意的一般义务（参见本章第7.1.3节），《自然保护法》还规定了在自然方面的一项具体的谨慎义务。《自然保护法》第1.11条第（1）和（2）部分规定如下：

1）每个人应当谨慎地对待"Natura 2000"地区、国家特别自然保护区、野生动植物及它们直接的生活环境。

2）第一段中所指的谨慎在任何情况下都意味着，任何知道或者能够合理地怀疑到他的作为或者不作为可能会对一个"Natura 2000"地区、国家特别自然保护区，或者野生动植物产生破坏性影响的人：①应当抑制这类作为或者不作为行为的发生；②如果不能合理抑制此类行为发生的话，采取必要的措施来防止损害影响的产生；③如果这些影响没有办法避免的话，要做到使损害最小化或者矫正它们。

有时，项目的发起人可以采取措施来预防与上述规定相冲突的行为的发生。例如，对带有鸟巢的树木的采伐可以一直推迟到繁殖季节以后。此类措施——对时间分段——在实践中经常用于预防违反规定行为的产生。

分权至省级政府

有关自然的政策制定已经分权至省级政府。从2017年1月1日起，省级政府机构负责制定自己省域范围内有关自然保护方面的法律法规。它们也负责（有关自然保护的）环境许可证的审批。有关主要水务机构的政策和国际自然保护政策的制定仍然由中央政府负责。

各省行政委员会（Provincial Executives），有义务在各自的省域范围内制定以下方面的必要措施（《自然保护法》第1.12条第1款）：

1）对足够多样的荷兰的所有野生鸟类，尤其是《鸟类指令》附件Ⅰ中列明的鸟的种类，以及通常没有被列入名单的荷兰的迁徙物种的群落生境（biotopes）

和栖息地进行保护、保存或者修复。

2）对《鸟类指令》附件Ⅱ、附件Ⅳ和附件Ⅴ中提及的荷兰的自然存在的物种，《栖息地指令》附件Ⅰ中提及的荷兰的自然栖息地的种类，以及《栖息地指令》附件Ⅱ、附件Ⅳ和附件Ⅴ中提及的物种的栖息地的良好保存状态进行维护和修复。

3）对第 1.5 条第 4 款中所指的荷兰自然存在的濒危野生动植物物种的良好保存状态进行维护和修复。

为了实现上述提及的各种目的（保护、保存、修复和维护），各省行政委员会必须负责建立和维护一个协调的国家生态网络，称作"荷兰自然网络（Netherlands Nature Network）"（简称 NNN）。为了实现该目标，它们会指定各自地域范围内隶属于荷兰自然网络的地区（第 1.12 条第 2 款）。NNN 是原来的"生态主体架构（Ecological Main Structure，荷兰语：Ecologische Hoofdstructuur）"的继任者，也是为了实现鸟类指令和栖息地指令中对物种和保护区进行保护义务的重要政策工具。NNN 可以作为一个绿色缓冲区以对抗对"Natura 2000"地区产生的有害影响，以及作为"Natura 2000"地区内物种的觅食区的扩展区。❶ NNN 中每一个省域部分的保护机制由各省的空间法规进行规定。对土地利用规划中新的开发机遇以及偏离土地利用规划的环境许可证，将会按照这些省级法规和涉及 NNN 的国家法律进行审查。❷ 各省可以指定其他自然区域作为"省级特别自然保护区（Special Provincial Nature Areas）"或者"省级特别景观（Special Provincial Landscapes）"（第 1.12 条第 3 款）。

适当评估（appropriate assessment）

在这本简洁的书中不太可能对此评估框架进行广泛解释。该框架中最重要的内容是进行适当评价的义务。

如果没有省行政委员会颁发的许可证，则禁止实施有关项目（比如建筑物或者道路的建设），或者实施鉴于对一个"Natura 2000"地区的保存目标，可能损害自然栖息地或者该地区物种栖息地质量，或者可能极大地干扰当地指定物种的其他活动（《自然保护法》第 2.7 节第 2 款）。该禁止性规定并不适用于《自然保护法》中描述的，或者是按照《自然保护法》中其他条款所指的自然管理规划或自然方案实施的项目或者其他活动（第 2.9 条第 1 款）。对颁发许可证的一

---

❶ 《自然保护法》的注解（explanatory notes），议会第二议院，2011 – 2012，33 348，no. 3，第 24 和 25 页。

❷ J. van Vulpen. Gebiedsbescherming onder de nieuwe wet Natuurbescheming. *Tijdschrift voor Agrarisch Recht*. no. 2，February 2017. par. 2.2.1.

个严格要求是需要对涉及的项目或者其他活动进行适当评估。

许可证的申请人可以从以下两个选项中选择其一：或者申请一个单独的自然保护许可证，或者选择与常规的环境许可证相联合。申请人必须在申请环境许可证之前做出选择。

根据《自然保护法》第2.8条第1款的规定，考虑到当地的自然保护目标，许可证申请人应当就申请建设项目对"Natura 2000"地区产生的影响进行适当评估。当申请的建设项目是对另一个规划或者项目的重复或者连续，而对另一个规划或者项目已经进行了适当评估，再进行新的评估也不会提供有关该规划或者项目可能产生的重大影响的新的数据和看法时，对申请的建设项目就不用再进行适当评估了（第2.8条第2款）。

如果省行政委员会根据适当评估的结果可以确定该规划或者项目不会对当地的自然特征产生消极影响，就会颁发相应的环境许可证（第2.8条第3款）。如果不能确定的话，只有在全部满足以下各项条件时，才可以授予环境许可证（第2.8条第4款）：

1）没有其他替代的解决方法。

2）该规划或者项目在实现重大的公共利益，包括社会或者经济性质的原因，方面是必需的。

3）已经采取了必要的补偿性措施来确保该"Natura 2000"地区的整体协调性可以得到维持。

建筑或者基础设施建设项目的发起人在许可证申请的框架内，需要向省行政委员会提供广泛的信息，包括：对项目的描述、对实施项目的原因的解释、一份生态报告、对当地物种的损害最小化所采取的措施的描述，等等。

《自然保护法》中的规定只有在建设活动规划在有受保护的动植物存在的地点或其附近，或者是存在这些受保护动物的巢穴、繁殖点或者休息地的地点时，才能够适用。规划区域是实际的建设活动实施的地区。取决于建设活动的具体特征，对环境的负面影响也可能会发生在规划区域以外。例如，建设活动产生的噪声就可能违反对受保护物种造成干扰的禁止性规定。需要进行研究的区域（可能发生负面环境影响的地区）经常要大于规划区域。

初步测试

在大多数情况下，由于不太可能提前说明一个规划或者项目是否会对一个"Natura 2000"地区产生重大影响，所以在实践中通常需要进行一个探查研究。在评估该规划是否会产生重大影响时（由此决定是否应进行一个适当评估），任何提议的缓解措施（mitigation measures）都必须被打个折扣。这意味着这些提议的缓解措施不能被用作论证该规划或者项目作为一个整体不会产生重大的负面影响的论据。如果该规划或者项目本身（即在没有缓解措施情况下）会产生重大影响，只进行一个初步的探查研究是不充分的。在这种情况下，需要进行进一步的研究（即适当评估）。在进行适当评估之后，如果可以确定涉及的 Natura 2000地区的完整性不会受到影响，那么该规划或者项目就可以实施了。

7.4.8 考古价值评估

地面之上的历史遗迹是可见的。在强制收集相关事实这一义务背景下，这些显眼的巨大建筑通常很容易被辨认。但有必要对位于地下的历史遗迹（通常被称为"考古遗产（archaeological heritage）"），进行更多的研究。不同阶段都会涉及考古学研究，如土地利用规划准备阶段和实施阶段。如果建设规划的发起者或开发商请求主管机关偏离土地利用规划，那么主管机关可以向其强加一项进行考古研究的义务。《空间规划法令》第 3.1.6 条第 2 款规定，土地利用规划的解释性说明应当包含如何将历史遗迹纳入考虑的描述。

这个考古研究可能包括参考现有的地图。如果可用的地图提供了足够的数据，则无须再对土壤进行深挖。只有在现有地图不充分的情况下，才需要进行当地的土壤调查。国务委员会行政司法部做出以下裁定：❶

根据《考古遗产法》（议会文件 Ⅱ 2003/04，29 259，第 3 号，第 46 页）的制定历史，对保护考古（期望）价值所必要的研究包括对可用地图的审查。但是，如果可用的地图数据不足，则需要以测试钻孔、测试沟槽或其他方式进行一个当地的土壤调查。

案例

判例法给出了一个没有进行充分考古研究的城市的例子。❷ 市议会论证到，考虑到青年会员人数的增加，该高尔夫球场的扩建是必要的。议会进一步指出，已经对位于扩建部分区域内的一块具有很高考古价值的地区进行了研究。考古研究报告中的建议也已经并入规划。被告人海尔德兰省行政委员会，裁定有关扩建高尔夫球场的土地利用规划与良好的空间规划相违背，并拒绝给予批准。据省行政委员会的调查，在考古资产指示地图中显示为"中等期望率"的扩建区域部分并没有进行任何研究。法官认定，省行政委员会本来可以发现，关于高尔夫球场的土地利用规划部分是与良好的空间规划的要求相冲突的。

---

❶ Afdeling Bestuursrechtspraak van de Raad van State，28 januari 2015，ECLI：NL：RVS：2015：189.

❷ Afdeling Bestuursrechtspraak van de Raad van State，16 juli 2003，ECLI：NL：RVS：2003：AH9880.

词汇表

General	常规词汇
Absolute use	绝对的、排外的利用
(Take into) account	考虑……在内
Authority	权限，权力
Carry out consultations	进行咨询
Case law	判例法
Competent authority	主管机关
(To) comply with	遵守
Conducting consultations	进行咨询
Draft	草案、草稿
Formulate	制定
Ground lease	土地租赁
Land allotment	土地分配
Land development	土地开发
Legal consequences	法律后果
Listed building	作为文物保护的登记在册建筑物
Management	管理
Planning law	规划法
Prepare the land for construction	整理土地以备建设
Property developers	开发商
Proprietor	所有者
Public interest	公共利益
Real property	不动产
Residential area	住宅区
Servicing the land	在土地上进行公共基础设施建设

Shared use	共享
Spatial plan	（具体的某类）空间规划
Spatial planning	空间规划
Structure	建筑物
Structure vision	建设愿景
Undeveloped land	未开发土地
Urban conservation area	城市保护区

Act 法律

Act registration public law restrictions	公法上限制登记法
Building Decree	建筑法令
Crisis and Recovery Act	危机与复苏法
Environmental Assessment Decree	环境评价法令
Environmental Licensing （General Provisions） Act	环境许可（一般规定）法
Environmental Licensing Decree	环境许可法令
Environmental Management Act	环境管理法
General Administrative Law Act	行政法通则
Housing Act	住房法
Land Development Act	土地开发法
Monument Act	名胜古迹（保护）法
Municipal Pre – emption Act	市政府先买权法
Private Law Hindrance Act	私法妨碍法
Spatial Planning Act	空间规划法
Spatial Planning Decree	空间规划法令

Administrative decisions 行政决定

Administrative decision	行政决定
Annulment	废除、宣布无效
Approval	批准
Breach of regulations	违反规定
Building ban	禁止建设

Compulsory purchase	强制购买（相当于征收）
Declaration of no objection	无异议声明
Directive	指令
Expropriation	征收
Fine	罚款
Grant exemption（from）	准予豁免（从）
Impose	强加
Obligation to consent	同意义务
Penalty	罚款
Police enforcement	行政执法
Recover costs	收回成本
Rejection	拒绝
Request denied	驳回请求
Submit/submission for public inspection	主张/服从公众监管
Track decision	（基础设施建设）轨迹规划决定
Withhold（ing）approval	保留/阻止批准

Environment 环境

Appropriate assessment	合理评估
Environmental（Impact）Assessment（E[I]A）	环境（影响）评价
Environmental（Impact）Statement（E[I]S）	环境（影响）报告
Implementation	实施
（To）meet requirements standards	达到标准要求
Nature Conservation Policy Plan	自然保护区政策规划
Noise abatement	噪声控制
Strategic Environmental Assessment（SEA）	战略环境评价
Transportation	交通

Land – use plan terms 土地利用规划术语

Adopting a plan	采纳规划
Building line	建筑红线

Built – up part of municipality	城市建成部分
Description of purposes	目的描述
Designate	指定
Determination of a land – use plan	土地利用规划确定
Elaborate a plan	详细阐述规划
Exemption	免除
Explanatory notes	注解
Flexibility	灵活性
Further demands	进一步要求
Guidance	指导
Imposed land – use plan	强制土地利用规划
Instructions	指示、说明
Land – use objective	土地利用目的
Land – use plan	土地利用规划
Planning regulations	规划法规
Provisional regulations	暂行条例
Re-designate buildings	二次指定建筑
Residential purposes	居住目的
Revision	修订
Rough plan	总体规划
Rough final plan	最终总体规划
Rural part of municipality	城市的乡村地区
Transitional provisions	过渡性条款
Urban expansion	城市扩张
Vista	风景线

Legal protection　　　　　　　　法律保护

（To） act unlawfully	违法行为
Administrative Jurisdiction Division of the Council of State	国务委员会行政司法部
Aggrieved party	受害方

Appeal	起诉
Appeal dismissed	驳回起诉
As a matter of legal course	依据法律规定
(To) award damages	判给损害赔偿
Capital loss	亏损
Civil court	民事法院
Claimant	原告
Compensation	赔偿
Compensation for loss	赔偿损失
Court of appeal	上诉法院
Court of justice	法院
Damage	损害
Damage claim	索赔
Declare … unfounded	声明……无法律依据
Deem … unfounded	认为……无法律依据
Entitled party	有权方
Extralegal	法外的
Form requirements	形式要求
Full compensation	全额赔偿
Higher appeal	上诉
Inadmissible	不予受理
In arrear	拖欠
Indemnification	赔偿
Infringement of the right to	侵权，侵害……的权利
Interested party	利害关系人
Irrevocable	不可撤销的
Judicial review	司法审查
Justified	正当的
Legality	合法性

Legal protection	法律保护
Liability	责任
(To) lodge objections	(向) 提出异议
(To) lodge appeal (with the Council of State)	(向国务委员会) 提起诉讼
Notice of opposition	异议通知
Principle of rightful administration	适当行政原则
Public consultation	公众咨询
Public consultation responses	公众咨询回应
(To have) recourse in law against…	(为了) 依法追究……
Recourse in law is available against	追究……有法律依据
Request for damage compensation	请求损害赔偿
Review on aspects of suitability	适用性方面的审查
Review of lawfulness	合法性审查
Revoke	撤销
Ruling	裁决
Time limitation	时间限制
Unlawful act	非法行为
Views (bring forward views)	意见 (提出意见)

Legislative terms　　相关立法术语

Approximation/transposition (EU)	按欧盟立法调整/实施国内立法
Bye – law	(次要) 法律法规
Directive (EU)	(欧盟) 指令
General binding regulations	一般约束规定
General principles of proper administration	适当行政的一般原则
General rules	一般规定
Implementation (EU)	(欧盟) 法律实施
Memorandum (on)	备忘录
Order in council	行政法规
Provision	规定
Regulation (EU)	(欧盟) 规制

Regulations	法规、规定
Stipulations	规定
Unwritten law	不成文法

Municipal bodies　　市政机构

City architect	城市建筑师
Civil servants	公务员
External Appearance Committee	外观委员会
Local Building Control	地方建筑管控
Mayor and Aldermen	市长和市府参事
Municipal Executive	市行政委员会
Municipal Council	市议会
Public servants	公职人员
Town Planning Consultants	城镇规划顾问
Town Planning Department	城镇规划部门

Municipal legal instruments　　市政法律文件

Building aesthetics supervision	建筑美学监管
(Municipal) building bye - law	(市级)建筑法规
Code regarding the external appearance of buildings	建筑物外观法典
Joint regulation	联合规制
Land - use plan	土地利用规划
Management regulation	管理条例
Policy document on external appearance	(建筑)外观政策文件
Preliminary Decree	初步法令
Project decision	项目决策
Reasonable requirement of external appearance	外观合理要求
Site development plan	场地开发规划
Structure vision	建设愿景

National bodies　　国家机构

Administration	政府

136

Cabinet	内阁
Central government	中央政府
Council of State	国务委员会
Crown	君主、皇室
Department	部门
First and Second Chamber of Parliament	议会第一议院和第二议院
Government	政府
Minister	部长
Minister of Infrastructure and the Environment	基础设施与环境部部长
Parliament	议会
Public administration	公共管理
Tier of government	政府层级

Permit terms   许可证条款

Administrative charges	行政性收费
Applicant	申请人
Application for permit	许可证的申请
Application is tested against the land – use plan	根据土地利用规划审查许可证申请
Assessment framework	评估框架
Attest to see if the application for the permit is in line with the land – use plan	查看证书，证实该许可证的申请是否符合土地利用规划
Deferred	延期的、推迟的
Defer the granting of a permit	推迟发放许可证
Dues（charge dues for the services provided）	费用（对提供的服务收费）
Environmental permit（or license）	环境许可证（或执照）
Grant a permit	颁发许可证
Grounds for refusal	驳回的理由
Issue a permit	发放许可证
Refuse a permit	拒绝发放许可证
Timescale	时间表

Provincial bodies　　　　　　　　省级机构

Province	省
Provincial Council	省议会
Provincial Executive	省行政委员会

Private law terms　　　　　　　　私法条款

Amicable acquisition	友好收购
Conclude an agreement	达成协议
Easement	地役权
Enter into an agreement	签订协议
Good neighbour law	好邻居法
Ground lease	（长期）土地租赁
Ground lessee	（长期）土地承租人
Property	财产
(Limited) user's rights	（有限的）土地使用权
Right of superficies	地上权
Tenant	租户、承租人

Public private partnership　　　　公私合作伙伴关系

Development rights	发展权
Declaration of intent	意向声明
Development site	开发现场
Land development company	土地开发公司
Partnership agreement	合伙协议
Private law legal entity	私法法律实体
Regulatory legal entity	公法法人